ファースト
ステップ

ITの基礎

國友義久 著

近代科学社

◆ 読者の皆さまへ ◆

平素より，小社の出版物をご愛読くださいまして，まことに有り難うございます．

㈱近代科学社は 1959 年の創立以来，微力ながら出版の立場から科学・工学の発展に寄与すべく尽力してきております．それも，ひとえに皆さまの温かいご支援があってのものと存じ，ここに衷心より御礼申し上げます．

なお，小社では，全出版物に対して HCD（人間中心設計）のコンセプトに基づき，そのユーザビリティを追求しております．本書を通じまして何かお気づきの事柄がございましたら，ぜひ以下の「お問合せ先」までご一報くださいますよう，お願いいたします．

お問合せ先：reader@kindaikagaku.co.jp

なお，本書の制作には，以下が各プロセスに関与いたしました：

- 企画：小山 透，山口幸治
- 編集：大塚浩昭
- 組版：DTP／加藤文明社
- 印刷：加藤文明社
- 製本：加藤文明社
- 資材管理：加藤文明社
- 広報宣伝・営業：山口幸治，東條風太

本書に記載されている会社名・製品名等は，一般に各社の登録商標または商標です．本文中の ⓒ，Ⓡ，™ 等の表示は省略しています．

- 本書の複製権・翻訳権・譲渡権は株式会社近代科学社が保有します．
- JCOPY 〈(社)出版者著作権管理機構 委託出版物〉
  本書の無断複写は著作権法上での例外を除き禁じられています．
  複写される場合は，そのつど事前に(社)出版者著作権管理機構
  （https://www.jcopy.or.jp，e-mail: info@jcopy.or.jp）の許諾を得てください．

本書について

　本書はコンピュータを初めて本格的に学ぶ大学生を対象にしたものです。学生の皆さんの理解を深めるため、本書では多くの工夫をしました。そこで、この本の使い方や見方について、触れておきたいと思います。

　コンピュータに関しては、学ぶことが多く、何をどこまで学べばよいのか議論のあるところですが、本書は経済産業省が実施している情報技術者試験の第一関門である「ITパスポート試験」が要求しているIT技術の内容とレベルに合わせました。

　本書の構成は大学の1セメスター、15回の授業で学べる内容になっています。原則として、1章の内容を1回の授業で学べるよう工夫してあります。これを目安に授業を進めていただければ、進み具合などが把握できると思います。

■各章の構成とねらい
・学習ポイントと動機付け
　　各章は教師と学生の対話から始まっていますが、その対話によってこの章の学習ポイントをはっきりさせ、動機付けを行っています。したがって、このページの最後に「この章で学ぶこと」を箇条書きで明記してあります。
・見出しの階層化と重要項目の明確化
　　できるだけ多くの見出しを階層的に付けることによって、そこで何を説明しているのか、階層的にはっきり理解できるようにしています。また、それぞれの見出しの領域で何がポイントになるのか、重要な部分は色付けで独立させて説明しています。本文はそれらをさらに詳しく説明しています。各項目自体（WHAT）の解説だけでなく、それがなぜ必要なのか（WHY）の説明を随所に加え、読者に納得してもらえるよう配慮しました。
・側注の活用
　　ただ、本文が長くなりすぎると焦点がぼやけてしまうこともあるため、できるだけ簡潔にし、具体例などは側注を活用して説明しています。本文でよく理解できないと

いったときは側注に注目してください。コンピュータ分野で使用される英字の略語のフルネームなども側注に示してあります。
・章のまとめ
　各章の終わりに、必ずその章でこれだけはしっかり理解しておいてほしい内容をまとめて示してあります。授業の終わりにその章で学んだことをおさらいするために利用してください。
・練習問題
　理解を確かなものにするために、各章の最後に練習問題を載せています。授業の途中あるいは最後にできるだけこの練習問題を解くよう努めてください。

　この他にも「ITパスポート試験」の過去問題を最後に載せてあります。学習内容の確認や資格取得を目指す学生の皆さんには、試験対策にも役立つでしょう。
　本書を学ぶことにより、今後パソコンを使用するときに、いままで深く考えずに操作していたことの裏付けになっている理論が理解でき、パソコンにより親しみを感じるようになるでしょう。また、それによって今まで経験しなかった新たな使い方に挑戦する意欲が出てくるものと思います。本来、学ぶことは辛いことではなく、楽しいことなのです。本書を楽しみながら学習してコンピュータへの興味を深め、さらにより高度で専門的な知識を取得していただければ、著者としてこれ以上の喜びはありません。
　最後に、本書出版の機会を与えていただいた近代科学社小山透社長、このシリーズ出版プロジェクトを精力的に引っ張っていただいたプロジェクトリーダの山口幸治氏、編集作業で大変お世話になった大塚浩昭氏に感謝の意を表します。

2011年7月
國友　義久

目 次

はじめに

第1章 コンピュータシステムの基本構成について知ろう　1

1.1 コンピュータとは ……………… 2
1.2 ハードウェアとソフトウェアの役割を知ろう ……………… 3
1.3 ハードウェアの構成と機能 …… 5
1.4 ソフトウェア ……………… 8
　　練習問題 ……………… 11

第2章 入出力装置にはいろいろなものがある　13

2.1 入出力の形態 ……………… 14
2.2 入力装置 ……………… 14
2.3 出力装置 ……………… 18
　　練習問題 ……………… 23

第3章 プロセッサの仕組みはどうなっているのだろう　25

3.1 プロセッサの役割について知ろう ……………… 26
3.2 プロセッサが仕事を実行する仕組み ……………… 26
3.3 プログラムの実行 ……………… 29
3.4 プログラムの命令 ……………… 31
　　練習問題 ……………… 35

第4章 プロセッサの性能を評価してみよう　37

4.1 命令の実行時間はプロセッサの性能評価指標の一つである ……………… 38
4.2 プロセッサの記憶装置 ……… 40
4.3 半導体記憶素子 ……………… 43
　　練習問題 ……………… 47

第5章 データはコンピュータの内部でどのように表現されるのだろうか(I)　49
―2進数について理解しよう―

5.1 2進数とは ……………… 50
5.2 2進数と10進数の変換 …… 52
5.3 2進数の演算 ……………… 54
5.4 論理演算 ……………… 57
　　練習問題 ……………… 61

第6章 データはコンピュータ内部でどのように表現されるのだろうか(II) —マルチメディアデータの表現方法について理解しよう— 63

- 6.1 コンピュータで扱えるデータ 64
- 6.2 文字の表現 64
- 6.3 計算対象になる数値の表現 66
- 6.4 画像、音声の表現 68
- 6.5 ファイル形式 70
- 練習問題 73

第7章 補助記憶装置にはいろいろなものがある 75

- 7.1 補助記憶装置の役割と機能 76
- 7.2 磁気ディスク 76
- 7.3 光ディスク 81
- 7.4 SSD 83
- 7.5 磁気テープ 84
- 練習問題 86

第8章 入出力インタフェースを理解しておこう 87

- 8.1 入出力インタフェースとは 88
- 8.2 インタフェースの種類 78
- 練習問題 97

第9章 オペレーティングシステムでコンピュータ操作が楽になる 99

- 9.1 オペレーティングシステムとは 100
- 9.2 OSの機能 101
- 練習問題 109

第10章 アプリケーションソフトウェアで自分の仕事をしよう 111

- 10.1 アプリケーションソフトウェアとは 112
- 10.2 共通アプリケーションソフトウェア 112
- 10.3 個別アプリケーションソフトウェア 114
- 練習問題 121

第11章 データベースについて考えよう　123

- 11.1 データベースの必要性 …… 124
- 11.2 データベースの概念 …… 124
- 11.3 関係データベース …… 127
- 11.4 データベース管理システム …… 130
- 練習問題 …… 133

第12章 ネットワークについて理解しよう　135

- 12.1 ネットワークとは …… 136
- 12.2 通信ネットワークシステムの基本構成 …… 136
- 12.3 ネットワークシステムの形態 …… 140
- 練習問題 …… 144

第13章 インターネットの仕組みについて調べてみよう　145

- 13.1 インターネットとは …… 146
- 13.2 特定のコンピュータを識別する仕組み …… 146
- 13.3 共通に処理可能な情報の形式 …… 149
- 13.4 ネットワークシステムにおける通信規約 …… 151
- 練習問題 …… 155

第14章 情報セキュリティの重要性を認識しよう　157

- 14.1 情報セキュリティ管理の必要性 …… 158
- 14.2 脅威と脆弱性 …… 158
- 14.3 ウイルス …… 159
- 14.4 安全保護対策 …… 161
- 練習問題 …… 167

第15章 総合演習　169

- 15.1 情報処理技術者試験 …… 170
- 15.2 総合演習 …… 171

練習問題解答 …… 184
索引 …… 188

はじめに

学生：先生、受講ガイダンスでこの科目は必修だから、必ず受講するように言われたけど、どんなことをやるの？

教師：君は、情報学部を志願して、めでたく入学できたのだろう。この科目は、情報学部の学生なら、誰でも知っておかなければならないことを学ぶようにできているのだよ。だから必修科目になっているのさ。

学生：そんなことを言われても、具体的なイメージはぜんぜんわかないよ。情報学部を志願したけど、本当は、コンピュータのことは、あまりよくわからないんだ。

教師：この科目は、そのような学生のためにあるんだよ。君が言った、コンピュータについて、その基礎知識を理解してもらうのが狙いなんだ。

学生：でも、本当に僕でも理解できるのかな。自信がないよ。

教師：最初は、君だけではなく、他の多くの学生も、同じように感じているはずだよ。私は、そのような学生に、何年もこの科目を、担当してきた経験がある。できるだけ、わかりやすく、かつ、重要なポイントは、はずさない、これが私の講義スタイルなんだ。まあ、この半年間、私を信じて、授業に顔を出してごらん。半年後には、かなりの自信がつくと思うよ。

学生：でも、僕は飽きっぽいからなあ。硬い話を聞いていると、すぐ眠くなるし。

教師：私の講義は、一方的な話だけではなく、できるだけ、学生参加型で進めるように工夫しているんだ。授業の随所に、演習を入れているので、多分、寝ている暇はないと思うよ。
　また、できるだけ、具体例を入れて説明するし、単なる内容の説明だけでなく、それが、実際に、どのように活用され、どのような効果をもたらしているかも説明するので、結構、興味がわくと思うよ。

学生：先生の言葉を信じて、この授業に、真面目に出てみることにしようっと。

第1章
コンピュータシステムの基本構成について知ろう

教師：君は、コンピュータについて、どのような知識を持っている？

学生：パソコンを使える程度です。使い方がよくわからないときは、マニュアルなんか調べるけど、わからないところがたくさんあるなあ。

教師：パソコンは個人でも入手できるので、広く普及しているけど、パソコンだけがコンピュータではないんだ。

学生：パソコンでないコンピュータってあるんですか。

教師：企業が大規模な業務をコンピュータで処理するときは、もっと大きな汎用コンピュータを使用するんだ。

学生：コンピュータにはいろいろなタイプのものがあるのですね。それを全部勉強しなければならないのですか。

教師：どんなタイプのコンピュータでも、用途や見かけは違っても、その基本原理は共通なんだ。今日の授業では、最初に、その共通原理にそったコンピュータシステムの基本構成と機能について紹介しよう。

この章で学ぶこと

1　コンピュータのハードウェアとソフトウェアの役割について知る
2　ハードウェアの構成と機能について理解する
3　ソフトウェアの種類とそれぞれの役割について理解する

第 1 章 ── コンピュータシステムの基本構成について知ろう

1.1 コンピュータとは

A パソコンの構成

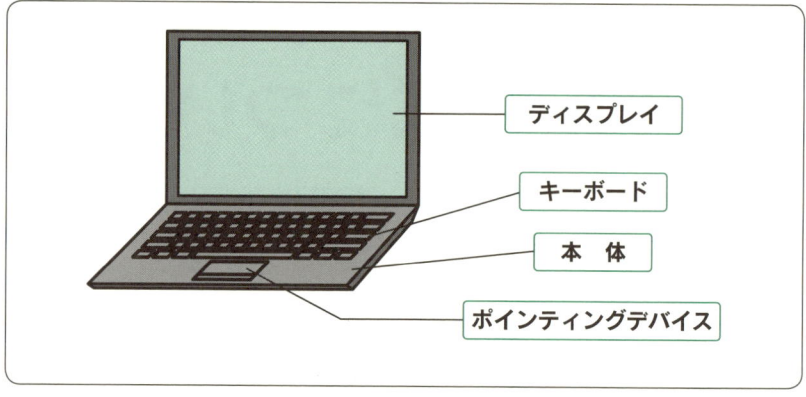

図 1.1　ノートパソコン

　図 1.1 は、**ノートパソコン**のマニュアルの冒頭によく載っているパソコンの構成図です。パソコンが、キーボードやディスプレイ、本体などから構成されていることを示しています。また、データやソフトウェアを格納するためにハードディスクが本体内で使用されています。

　コンピュータの構成について、正しく理解するためには、まず、コンピュータの使用目的を把握する必要があります。その目的を達成するために、コンピュータにはいろいろな構成要素が用意されています。

> ノートパソコン(Note Type Personal Computer)：ノートのように薄くて軽い個人用コンピュータ。

> ハードディスク：大容量補助記憶装置の一つ。通常 HDD(Hard Disk Drive) と呼ばれている。第 7 章で詳述。

> 個人的には、パソコンで宿題のレポート作成やインターネットで情報収集を行うために使用します。企業では商品の売上データ、請求データの処理や社員の給与計算などのために使用しています。

B コンピュータの使用目的と必要な機能

- **コンピュータはデータ処理を行うことを目的とした機械である。**
- **データ処理には、データ処理機能（入力、処理・加工、出力）、データ保存機能、データ伝送機能が必要である。**

　コンピュータは、いろいろな目的のために使用されます。しかし、本質的には、コンピュータは**データ処理**を行うための機械です。

ⓑ-① データ加工

　データ加工とは、入力データを加工して出力データを作成する過程

です。データ処理が必要になる作業はいろいろあります。レポート作成もデータ処理の一つの例です。データ処理の目的は達成するために、コンピュータは、データを入力する機能、それを加工する機能、結果を出力する機能を持つ必要があります。

❺-② データの保存

データ処理を行うときは、必要に応じて**データを保存**しておくことが要求されます。コンピュータには、作業中のデータや後で取り出すデータを保存しておく機能が必要になります。

❺-③ データの伝送

データ処理において、データを入力したり、出力したりする場所とデータを処理する場所が、遠く離れている場合があります。このような場合、両者の間でデータを迅速に伝送することが必要になります。そのため、コンピュータには、**データ伝送**機能が要求されることになります。

図 1.2 は、データ処理に必要な機能を示しています。

> レポート作成の場合は、文章や図表が入力データです。それを加工して、レポートを作成します。出力データは完成したレポートそのものです。

> 作成したレポートを後で印刷するときは、印刷するまで保存しておく必要があります。

> たとえば、自宅のパソコンで、インターネットの情報を検索するときは、データを入出力する場所は自宅です。しかし、必要な情報が蓄えられている場所は、通常、自宅とは遠く離れた場所にあるコンピュータです。その間のデータ伝送が必要です。

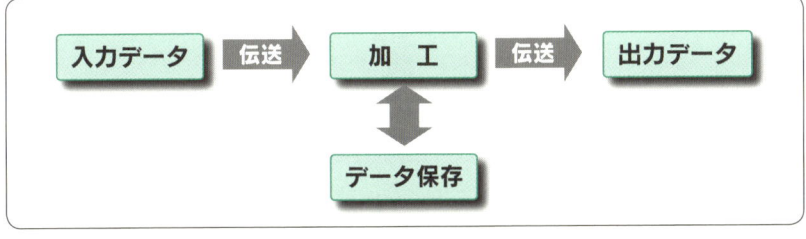

図 1.2　データ処理機能

1.2　ハードウェアとソフトウェアの役割を知ろう

●コンピュータはハードウェアとソフトウェアから構成される。

A　専用機と汎用機

コンピュータは機械です。自動車も機械です。しかし、コンピュータと自動車は、同じ機械でも、その設計思想は基本的に異なります。自動車は使用目的が特定化されています。具体的には、人や物を遠く

> シャツの洗濯のためには、洗濯機という専用機があります。人は何をしたいかによって、それを行う専用機を選びます。人間が機械に歩み寄っています。

に、速く運ぶための専用機械です。自動車をシャツの洗濯のために使用する人はいません。

　一方、コンピュータは、データ処理を行うという共通の目的は持っていますが、1種類のデータ処理だけを行うようには設計されていません。同じ1台のコンピュータで、インターネットでの情報収集もできるし、販売業務のデータ処理もできます。コンピュータは、専用機械ではなく、汎用機械です（図1.3）。人間のいろいろな要求に対して、コンピュータが歩み寄っています。そこが専用機と異なるところです。

> コンピュータは、インターネットによる情報収集だけを行う専用機ではありませんし、販売業務のデータ処理だけを行う専用機械でもありません。

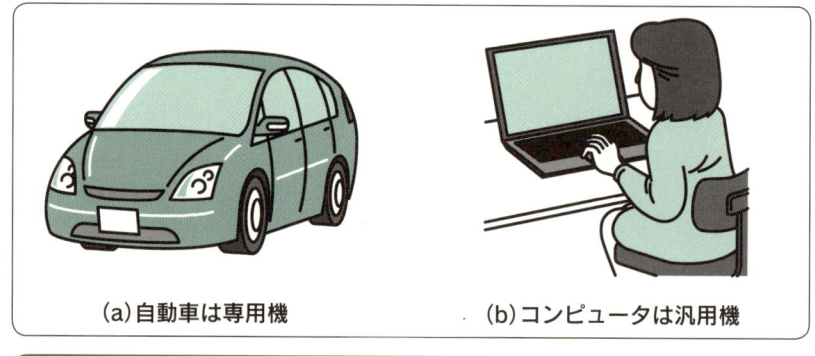

(a)自動車は専用機　　(b)コンピュータは汎用機

図1.3　専用機と汎用機

　同じ1台のコンピュータで、なぜ異なるタイプのデータ処理ができるのでしょうか。それは、コンピュータがハードウェアとソフトウェアから構成されるからです。

B　ハードウェア

> ● ハードウェアはコンピュータの機械そのものであり、データ処理に関する基本的な機能だけを行う。基本機能とは、データの入力、記憶、制御、演算、出力である。

> ハードウェア(Hardware)：かつては、直訳して'金物'と呼んでいたこともありますが、現在はカタカナでそのまま呼んでいます。

　コンピュータのハードウェアは、データの入出力装置、プロセッサ（処理装置）、データ記憶装置などで構成されます。**ハードウェア**は、データ処理に関する基本的な機能だけを行います。基本的機能とは、データの入力、記憶、制御、演算、出力といったことです。ハードウェアだけで、レポート作成やインターネット検索などに必要な業務処理

は行えません。

C ソフトウェア

> ●ソフトウェアによって、1台のコンピュータで、いろいろな情報処理業務を行うことができる。

あるデータ処理だけに必要な固有な作業をコンピュータに行わせるのは、ソフトウェアです。**ソフトウェア**は、レポート作成やインターネット検索などのデータ処理ごとに用意され、そのデータ処理の手順にそって作成されます。必要に応じてそれらのソフトウェアを実行することにより、コンピュータは、その都度異なるタイプのデータ処理業務を行えるようになります。その意味から、ソフトウェアはコンピュータの利用技術と呼ばれています。

各種ソフトウェアは、あらかじめ補助記憶装置に保存しておき、実行するときは、そのソフトウェアを補助記憶装置からプロセッサの主メモリにロードします。

> ソフトウェア(Software)：かつては、直訳して'紙物'と呼んでいたこともあります。
> 現在はカタカナでそのまま呼んでいます。

> ロード：ソフトウェアを実行のために主メモリに持ってくること。

1.3 ハードウェアの構成と機能

A ハードウェアの基本的機能

図1.4 人間とコンピュータによる情報処理

ハードウェアは、基本的にデータの入力、記憶、制御、演算、出力の五つの機能を行います。これらの五つの機能は、データ処理のための本質的な機能です。

データ処理の方法は、人間もコンピュータも基本的には同じです。人間は、データ入力を目や耳で、記憶、判断を頭脳で、結果を言葉や文書で出力します。コンピュータでは、入力装置は人間の目や耳に相当し、プロセッサは人間の頭脳に該当します。出力装置は人間の口や手に相当します。

データ処理のもとになる入力データは、入力装置によってコンピュータ内部に読み込まれ、プロセッサのメモリ内に記憶されます。それらのデータをどう処理するかは、ソフトウェアによって指示され、その処理手順にそってデータの制御、演算が行われます。データの記憶、制御、演算機能は、プロセッサによって行われます。処理結果の出力は、出力装置を使用します（図1.4）。

コンピュータは、これらの入力装置、プロセッサ、出力装置を合わせて、全体として一つの**コンピュータシステム**を構成します。

B　ハードウェアの構成

●コンピュータは、ハードウェアとして、入力装置、プロセッサ、出力装置、補助記憶装置でシステムを構成している。

ⓑ-①　入力装置

入力装置は、業務上で発生するデータをコンピュータに入力します。業務の内容やデータ量に応じて、いろいろなタイプの入力装置が用意されています。パソコンのキーボード、銀行業務のATM端末、スーパーマーケットのPOS端末などが、日常生活でよくお目にかかるコンピュータシステムの入力装置です。

ⓑ-②　プロセッサ

プロセッサは、人間の頭脳に相当する部分であり、コンピュータに入力されたデータをメモリに記憶し、それらをソフトウェアの処理手順にそって処理し、出力（情報）に変換します。迅速かつ正確にデー

ATM（Automatic Teller Machine：現金自動預け払い機）

POS（Point Of Sales：販売時点管理）：商品が販売された現場（例：スーパのレジ）で販売データを入力する。

タを処理することができます。それらの機能を行うために、プロセッサは主記憶装置、制御装置、演算装置から構成されます。

❺-③　出力装置

出力装置は、プロセッサが処理した結果（情報）を外部に出力します。業務の内容やデータ量に応じていろいろなタイプの出力装置が用意されています。パソコンのディスプレイ（画面）やプリンタ、銀行業務のATM端末（入出力兼用）などが、日常生活でよくお目にかかるコンピュータシステムの出力装置です。

❺-④　補助記憶装置

コンピュータには、2種類の記憶装置があります。**主記憶装置**と**補助記憶装置**です。主記憶装置は、プロセッサに含まれ、現在実行中のプログラムやデータを記憶します。補助記憶装置は、後で必要に応じて使用するプログラムやデータのファイル（データベース）を保存します。

> 補助記憶装置にあるプログラムやデータは、そのままでは実行できず、実行するときは主記憶装置にロードします。

❺-⑤　通信ネットワーク回線

通信ネットワーク回線は、厳密に言えば、コンピュータではありません。しかし、最近のように、インターネットによるデータ処理が普及した時代では、コンピュータシステムの重要な一構成要素になっています。通信ネットワーク回線は、データ処理の主要な機能であるデータの伝送部分を受持ち、場所と時間の制約を解消する役割を果たします。

❺-⑥　コンピュータシステムの構成

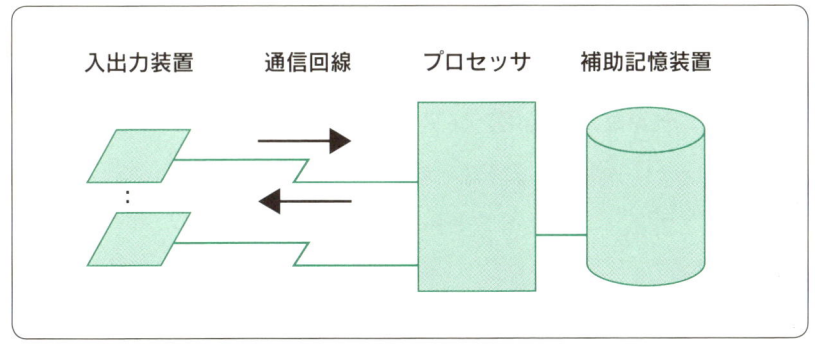

図1.5　コンピュータシステムの全体図

> 中心になるデータ処理機能は入力装置、プロセッサ、出力装置が行います。データの保存機能は補助記憶装置、データの伝送機能は通信ネットワーク回線が行います。

図1.5は、コンピュータシステムの全体図を示しています。企業のオンラインシステムでは、プロセッサは汎用コンピュータ、インターネットではパソコンが入出力装置、プロセッサはプロバイダのサーバになるなど、用途によって使用機種が変わります。

1.4 ソフトウェア

ソフトウェアは、コンピュータの利用技術で、ハードウェアの機能を利用して、レポートの作成、インターネット検索など、その時々に必要なデータ処理をコンピュータで実行できるようにします。ソフトウェアは大別して、システムソフトウェアとアプリケーションソフトウェアに分けられます。

> ●**ソフトウェアは、システムソフトウェとアプリケーションソフトウェアがある。**

> ソフトウェアは、使用しないときは補助記憶装置に保存しておき、必要なときは、プロセッサの主メモリにロードして実行します。

A システムソフトウェア

システムソフトウェアは、コンピュータ全体をコントロールするソフトウェアです。コンピュータを一つのシステムとして効率的に稼動させることを目的としています。システムソフトウェアには、**基本ソフトウェア**と**ミドルウェア**に分けられ、前者の例がOS（第9章）、後者の例がDBMS（第11章）です。

> システムソフトウェアは、コンピュータシステムの運用を制御、監視し、アプリケーションの実行を支援します。利用者に対してコンピュータの操作を容易にし、結果として、コンピュータシステム全体の生産性向上に寄与します。

B アプリケーションソフトウェア

アプリケーション（応用）ソフトウェアは、利用者が自分の仕事をコンピュータに行わせるためのソフトウェアです。大別して、共通アプリケーションソフトウェアと個別アプリケーションソフトウェアがあります。

共通アプリケーションソフトウェアは、ワープロソフトや表計算ソフトのような、いろいろなデータ処理業務に共通して使用されるものです。一方、**個別アプリケーションソフトウェア**は、企業の販売管理

> ミドルウェアは、基本ソフトウェアとアプリケーションソフトウェアの中立ちの機能を行うため、そう名付けられています。

や給与計算など、個別の業務のために作成されたソフトウェアです。個別アプリケーションソフトウェアは、基本ソフトウェアの支援のもとに、必要に応じて、補助記憶装置からプロセッサの主メモリにロードされ、実行されます（図1.6）。

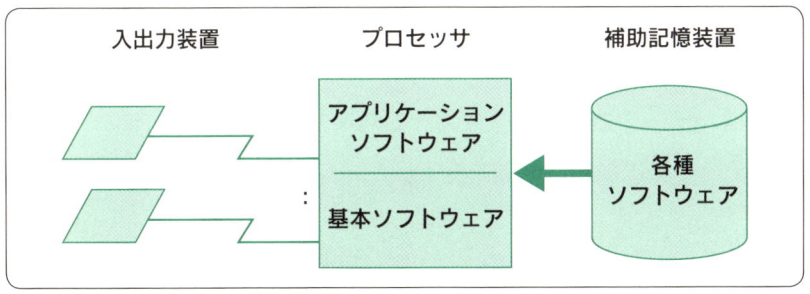

図1.6　ソフトウェアの実行

この章のまとめ

1 コンピュータはデータ処理を行うことを目的とした機械である。

2 データ処理には、データ処理機能（入力、処理・加工、出力）、データ保存機能、データ伝送機能が必要である。

3 データ処理に必要な機能をもとにコンピュータの構成要素が決定される。

4 コンピュータはハードウェアとソフトウェアから構成される。

5 ハードウェアは機械そのものであり、入力装置、プロセッサ、出力装置、補助記憶装置、通信ネットワーク回線でシステムを構成する。

6 ソフトウェアは、コンピュータの利用技術であり、システムソフトウェアとアプリケーションソフトウェアがある。

8 システムソフトウェアは、コンピュータシステムを効率的にコントロールし、システムとしての生産性向上を図る。基本ソフトウェアとミドルウェアがある。

9 アプリケーションソフトウェアは、共通アプリケーションソフトウェアと個別アプリケーションソフトウェアに分けられる。前者はいろいろな業務に共通して利用され、後者は個別業務用に作成される。

練習問題

問題1　1台のコンピュータでいろいろなデータ処理が可能であることを、ハードウェアとソフトウェアとの関連性をもとに簡潔に説明しなさい。

問題2　データ処理に必要な三つの機能について述べなさい。

問題3　コンピュータシステムのそれぞれの構成要素とデータ処理の機能との関連を示しなさい。

問題4　主記憶装置と補助記憶装置の違いについて説明しなさい。

問題5　システムソフトウェアとアプリケーションソフトウェアの役割の違いについて述べなさい。

第2章
入出力装置には いろいろなものがある

教師：パソコンでレポートなどを作成するとき、使用者とコンピュータの接点は、入力と出力だよね。

学生：データ入力はキーボード、出力はディスプレイです。

教師：キーボードでデータを入力するとき、何か困ったことはない？

学生：慣れるまでは、文字の位置を探すのに苦労したけど、慣れれば、特に不便は感じません。

教師：レポートの文章を入力するときは特に問題ないけど、もし、コンビニでレジ係がお客さんの購入商品のデータをキーボードで入力するとしたらどうなるかな。

学生：たくさん商品を買ったら、入力に時間がかかって待時間が長くなりそうですね。

教師：キーボードは、コンビニには向かないよね。だからコンビニでは、入力に時間がかからない別のタイプの入力装置を使っているんだ。データ処理の内容によって、実はいろいろな入力装置、出力装置があるんだ。

この章で学ぶこと

1. コンピュータへのデータ入力の各種形態とそれぞれに対応する入力装置について理解する。
2. コンピュータからのデータ出力の各種形態とそれぞれに対応する出力装置について理解する。

2.1 入出力の形態

コンピュータでは、データの入力は入力装置、結果の出力は出力装置が行います。コンピュータへ入力されるデータには、いろいろなものがあります。文字や数字、画像、音声、商品のバーコードなどの形で入力されます。出力も文書や画像、音声など必要に応じていろいろな形態で出力されます。

これらの入出力形態に対応して、コンピュータは、いろいろな入出力装置を用意しています。ここでは、その主なものを見ていくことにします。

> 人間が目や耳で入力するデータもいろいろなものがあります。目から入力されるのは、本の文字、テレビの画像、自然の景色などがあります。また、耳からの入力もテレビの音声、自然の鳥の声であったりします。
> 出力も口から声で出力したり、手で文書の形で出力したりします。

2.2 入力装置

> ● コンピュータへの入力データ量が多いときは、入力時間を減らす工夫が必要であり、そのために業務によって入力形態が異なってくる。
> ● 入力形態が異なる場合、それに見合った入力装置が必要になる。

入力装置は、データ処理に必要なデータを外部からコンピュータ内部に入力するための装置です。人間の目や耳に相当する部分です。入力されるデータは、コンピュータで処理する業務の内容によって、いろいろな形態のものがあります。その形態に応じて、入力装置はいろいろなタイプのものが用意されています。

A　コンピュータへのデータの入力方法

データの三つの入力方法
- **直接入力**：人間が手作業でキーボードなどから直接入力する。
- **間接入力**：コンピュータで読み取り可能な媒体（DVDなど）からデータを入力する。
- **媒体入力**：データが記入された媒体（答案用紙など）から直接読み取る。

　コンピュータにデータを入力する場合、考慮すべき点はデータの量です。データ量が多いときは、入力に時間がかかるので、それを減らす工夫が必要になります。処理する業務の内容によって、コンピュータに入力するデータ量は異なります。そのため、それぞれに応じた適切な入力方法をとる必要があります。コンピュータへのデータの入力方法は、大別して直接入力、間接入力、媒体入力の三つがあります。

　直接入力は、使用者が手作業で直接コンピュータに入力する方法です。キーボードからの入力などがその例です。入力データ量が少ないときときに便利です。

　間接入力は、入力データを直接コンピュータに入力するのではなく、一度コンピュータで読み取り可能な記憶媒体に記憶させ、その記憶媒体を用いて、後でまとめてコンピュータに入力する方法です。入力データ量が多く、それらを迅速に一括入力したいときに用います。

　媒体入力は、データが記入された帳票（例：答案用紙）から直接コンピュータに入力する方法です。大量のデータを効率よくコンピュータに入力したいときに用います。直接入力のように人間の手作業を必要とせず、間接入力のように一度記憶媒体にデータを記憶させるための作業も必要ありません。

たとえば、レポート作成の場合は、データ量は手作業で入力できる程度です。しかし、大学入試センタ試験の答案を入力する場合は、受験者が数十万人もいるため、手作業では無理で、別の入力方法が必要になります。

コンピュータで読み取り可能な記憶媒体にデータを入力するための時間が必要になります。この作業は、通常、ソフトウェア会社などの熟練者に依頼します。

媒体入力は、帳票データを直接コンピュータに入力できる特殊な入力装置が必要になり、コストが高くなります。

B 代表的な入力装置

直接入力：キーボード、タッチパネル、ポインタ
間接入力：磁気テープ、CD、DVD
媒体入力：OMR、OCR、POS 端末

ⓑ-① 直接入力の装置

直接入力のための代表的な入力装置として、**キーボード**があります（図2.1）。キーボードは、キーによって文字や数字を1字ずつ入力します。

また、キーボードと併用するおなじみの**マウス**も直接入力用の入力装置の一つです。マウスは、**ポインティングデバイス**と呼ばれる入力装置の一種で、パソコンのディスプレイ画面上の位置を矢印（ポインタ）で指示することで、画面上の情報をコンピュータに入力します（図2.2）。

> キーボードは、文字キーの他に、かな入力の切り替え、漢字変換、改行などのキーにより、意図する内容を入力できるようになっています。

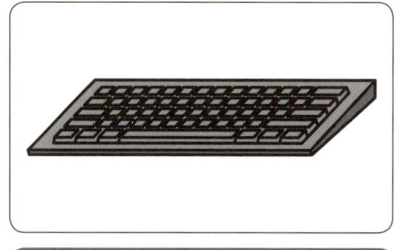

図 2.1　キーボード

図 2.2　マウス

図 2.3　ATM

> ATM は、預金の預入れ、払い出し、残高照会、記帳などの銀行業務を行うために設計されています。利用者による操作をやりやすくするために、画面上に表示された機能を選択し、タッチするだけで利用者の要求がコンピュータに入力できるようになっています。

銀行の ATM のディスプレイは、**タッチパネル**と呼ばれ、必要個所を指でタッチすることで、データが入力されます、これもポインティングデバイスの一種です（図2.3）。

ⓑ-② 間接入力の情報媒体

間接入力で使用される情報媒体は、かつては、磁気テープが中心でした。**磁気テープ**は、大量のデータを記憶する補助記憶装置の一つであり、データが記憶された後、入力装置としてコンピュータ内部へのデータ入力のために使用されます。最近では、**CD**や**DVD**（図2.4）が主流になっています。

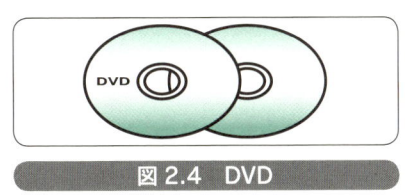

図2.4　DVD

ⓑ-③ 媒体入力の装置

媒体入力の場合は、帳票に記入された手書きの文字やマークをそのまま光学的に読み取る**OCR**、**OMR**がよく使用されます。OCR（図2.5）やOMRは、大量のデータをコンピュータに入力する必要のあるときに使用します。

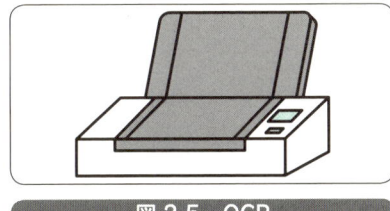

図2.5　OCR

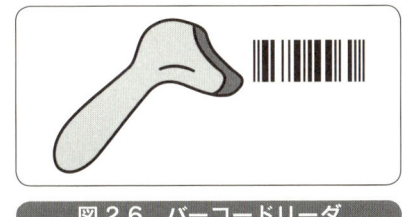

図2.6　バーコードリーダ

> OCR（Optical Character Reader：光学式文字読み取り装置）
> 勤務カードの手書きデータを直接読み取るときなどに使用します。
>
> OMR（Optical Mark Reader：光学式マーク読取装置）
> 答案用紙のマークを直接読み取るときなどに使用します。

スーパマーケットのレジやレストランのウエイトレスが持っている**POS端末**の**バーコードリーダ**（図2.6）も媒体入力用の入力装置の一つです。バーコードリーダは、顧客が購入した商品の**バーコード**を読み取り、コンピュータに入力します。少し特殊なものとして、**ディジタイザ**や**タブレット**があります。共に設計図などの図面の入力に使用されます。

2.3 出力装置

A 出力形態

- ハードコピー：後に残る出力（プリンタ出力など）
- ソフトコピー：コンピュータ稼働中だけの出力（画面出力など）

　出力装置は、プロセッサで処理された結果を外部に出力します。外部に出力する場合、後に残るものへの出力（**ハードコピー**）とコンピュータ稼動中だけ出力（**ソフトコピー**）するものの二つの形態があります。

B 代表的な出力装置

❶-① プリンタ

　ハードコピー用の代表的な出力装置は**プリンタ**です。プリンタは、データを紙面に出力します。出力結果を長期に保管しておくことができます。

　プリンタには、印字方式や印字単位によりいろいろな種類に分類できます。

❶-①-① 印字方式による分類

- プリンタは、印字方式により、ノンインパクトプリンタとインパクトプリンタに分類できる。
- ノンインパクトプリンタには、インクジェットプリンタとレーザプリンタがある。

　プリンタには、印字方式によって、**インパクト方式**と**ノンインパクト方式**のものがあります。インパクト方式は、出力データを活字やドットで紙に打ち付けて印刷します。ノンインパクト方式では、**レーザプリンタ**（図 2.7）と**インクジェットプリンタ**（図 2.8）がよく使用されています。レーザプリンタは、1ページ分のデータをドラム上に静電気で記録し、トナーを付着させた後、紙に転写し、トナーをレーザで

> インパクト方式は、複写が取れるという利点がある反面、音がうるさいという欠点があります。

加熱して溶かし定着させます。インクジェットプリンタは、細い管からインクを紙に吹き付けて、1字ずつ印字します。

図2.7 レーザプリンタ

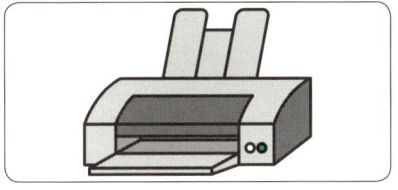
図2.8 インクジェットプリンタ

ノンインパクト方式のプリンタは、活字などを紙に打ち付けないので、複写はできないが、音は静かです。

ⓑ - ① - ②　印字単位による分類

- シリアルプリンタ：1文字ごと印字。速度遅い
- ラインプリンタ：1行ごと印字。速度中間。
- ページプリンタ：1ページ単位で印字。速度速い。

プリンタは、印字の単位によっても分類できます。一文字ごとに印字する**シリアルプリンタ**、一行分を一度にまとめて印字する**ラインプリンタ**、1ページ分を一度にまとめて印字する**ページプリンタ**があります。一度に印字する量が少ないときはその分印刷速度が遅くなり、量が多いときは印刷速度が早くなります。

> インクジェットプリンタはシリアルプリンタで印字速度は遅く、レーザプリンタはページプリンタで印字速度は速くなります。

ⓑ - ① - ③　印刷性能

プリンタの印刷性能を評価する場合、解像度や印刷速度でみることがあります。解像度は1インチあたりのドット数（**dpi**）で表現します。dpiの大きなプリンタが鮮明な印刷を行います。たとえば、インクジェット方式では300〜1200dpi程度、レーザ方式では300〜2400dpiです。**印刷速度**は1分間に印刷できるページ数などで表します。インクジェット方式で0.5〜2枚、レーザ方式で4〜12枚程度です。

主なプリンタの種類と特徴をまとめると表2.1のようになります。

> dpi (Dot Per Inch)

表 2.1　プリンタの種類と特徴

	プリンタ		
	インパクト方式	ノンインパクト方式	
		インクジェットプリンタ	レーザプリンタ
動作	活字やドットを紙に打ちつける	1字ずつインクを吹付ける	1ページ分のデータにトナーを付着させ、レーザで加熱し、トナーを定着させる
印字単位	シリアル	シリアル	ページ
速度	遅い	遅い	速い
価格	安い	安い	高い
音	うるさい	静か	静か
備考	複写がとれる	カラー可能	カラー可能、図形、画像の印刷可能

ⓑ-②-①　ディスプレイの種類と特徴

ディスプレイは、画面上に文字や画像を表示します。ディスプレイには、**CRTディスプレイ**と**液晶ディスプレイ**があります。CRTディスプレイは、テレビと同じブラウン管を用いたものです（図2.9）。かつては、大型の汎用コンピュータの出力端末やディスクトップ型パソコンに多く使用されていましたが、液晶ディスプレイの出現とともに姿を消しつつあります。

液晶ディスプレイ（図2.10）は、薄くて消費電力も小さいので、主としてノート型パソコンに使用されていますが、最近では、その他の出力端末にも多く使用されています。従来は、視野角が狭くて、少し横から見ると、見にくかったり、表示速度が遅いなどの問題点があったのですが、最近は、液晶技術の進歩により、これらの欠点が解消されています。液晶には、**STN液晶**と**TFT液晶**があります。ディスプレイの種類と特徴をまとめると表2.2のようになります。

CRT (Cathode Ray Tube)
奥行きが長く、場所をとり、消費電力も大きいので、ノート型パソコンには使われません。ただ画面が見やすい、表示速度が速いという利点があります。

STN (Super Twisted Nematic liquid crystal)
STN型は、安価ですが、視野角が狭い、表示速度が遅いという欠点があり、最近では使われなくなっています。

TFT (Thin Film Transistor)
TFT型は、少し高価ですが、視野角が広く表示速度も速いため、広く普及しています。

図2.9　CRTディスプレイ

図2.10　液晶ディスプレイ

表2.2 ディスプレイの種類と特徴

	ディスプレイ		
	CRT	液晶	
		STN	TFT
表示速度	速い	遅い	速い
視野角	広い	狭い	広い
奥行き	厚い	薄い	薄い
消費電力	大きい	小さい	小さい
価格	安い	安い	高い

❺-②-② 画像の品質

　画像の品質を評価するときは、解像度で行います。解像度とは、一画面を点（画素）に分解したときの画素の数で表します。画素の数が多いほど解像度が高くなり、画像を鮮明に表示できます。

この章のまとめ

1. コンピュータへの入力データ量が多いときは、入力時間を減らす工夫が必要であり、そのために業務によって入力形態が異なってくる。

2. 入力形態が異なる場合、それに見合った入力装置が必要になる。

3. コンピュータへのデータに入力には、直接入力、間接入力、媒体入力の三つの方法がある。

4. 代表的な入力装置として、直接入力はキーボード、間接入力はDVD、媒体入力はバーコードリーダなどがある。

5. コンピュータの出力形態として、ハードコピー（後に残る出力）とソフトコピー（コンピュータ稼働中だけの出力）がある。

6. 代表的な出力装置として、ハードコピーはプリンタ、ソフトコピーはディスプレイがある。

7. プリンタは、インパクト方式のものとノンインパクト方式のものがある。また印字単位でシリアルプリンタ、ラインプリンタ、ページプリンタに分けることもある。

8. ディスプレイは、ブラウン管方式と液晶方式のものがある。
   最近は、液晶方式が主流になっている。

練 習 問 題

問題1　コンピュータへのデータ入力方法を三つあげ、それぞれの入力方法について説明しなさい。またそれらの入力方法が必要になる理由を簡単に述べなさい。

問題2　問題1の三つの入力方式を代表する入力装置をそれぞれ一つあげなさい。

問題3　レーザプリンタがインクジェットプリンタより印刷速度が速い理由について簡単に説明しなさい。

問題4　液晶型ディスプレイがCRT型ディスプレイより優れている点を二つあげなさい。

問題5　入出力装置に関する次の記述で、正しいものには○、正しくないものには×をつけなさい。

(1) 入力データ量が多いときは、キーボードから直接入力してよいが、データ量が少ないときは、OCRやOMRなどを用いた入力方法が適している。

(2) 銀行のATM端末のディスプレイ画面は、出力装置であり、入力装置ではない。

(3) 液晶画面には、STN型とTFT型がある。STN型は安価だが、表示速度は遅い。TFT型は高価だが、表示速度が速く、広く普及している。

(4) インパクト型のプリンタは、印刷速度は遅いが、複写をとることができる。

第3章
プロセッサの仕組みはどうなっているのだろう

教師：コンピュータの使用者は、入力と出力部分にどうしても注意が行きがちだよね。でもコンピュータの要は何と言ってもプロセッサなんだ。プロセッサは、人間の頭脳に相当する部分だからね。

学生：ノートパソコンでは、キーボードの下に隠れていて目立たないけどなあ。

教師：昔は、部屋一杯を占めるほど大きなプロセッサもあったんだ。大きければ、なんとなく凄いことをやるようにみえるけど、小さくなっても、やってることは凄いんだよ。

学生：!!

教師：今回から、プロセッサについて詳しく検討してみよう。まず、プロセッサの中の動きを見てみることにしよう。

この章で学ぶこと

1. プロセッサの役割を理解する。
2. プロセッサの構成要素である主記憶装置、制御装置、演算装置の機能を理解する。
3. ソフトウェア（プログラム）が、プロセッサと連携しながら作業を進めていく仕組みを理解する。
4. 機械語命令について理解する。

3.1 プロセッサの役割について知ろう

- プロセッサは、入力データを加工し、出力を生成する
- プロセッサで何を行うかはソフトウェア（プログラム）が指示する。

　データ処理は、入力データを加工し、仕事に必要な出力データを生成します。コンピュータでデータ処理を行う場合、プロセッサを中心に行います。プロセッサは、入力装置からデータを読み取り、それを加工し、その結果を出力装置に出力します。

　プロセッサは、コンピュータシステムの要です。人間の頭脳に相当する部分であり、コンピュータシステムで何を行なうかを判断し、実行します。必要に応じて入出力装置など関連装置に的確な指示を出し、システム全体を制御します。

　プロセッサに何を行うかを指示するのはソフトウェアです。プロセッサは、主記憶装置に蓄えられたソフトウェア（プログラム）の命令を逐次解読しながら作業を進めていきます。それを行うために、プロセッサは、主記憶装置、制御装置、演算装置を持ちます。これらの装置の連携をとりながら、プロセッサは、ソフトウェアの指示に従い、仕事を進めていきます。

3.2 プロセッサが仕事を実行する仕組み

A プロセッサの構成要素

主記憶装置：実行するプログラムとデータを格納する。
制御装置　：プログラムの命令を解読し、実行のためにコンピュータシステムの各要素に指示を出す。
演算装置　：プログラムの命令が指示している演算を行う。

　プロセッサは、主記憶装置、制御装置、演算装置を持ちます。プロ

セッサが仕事を進めていく仕組みを理解するために、まず、これらの装置の役割と機能についてみてみることにします。

ⓐ-① 主記憶装置

主記憶装置は、入力装置から入力されたデータやそれを処理するためのソフトウェア（プログラム）を格納します。

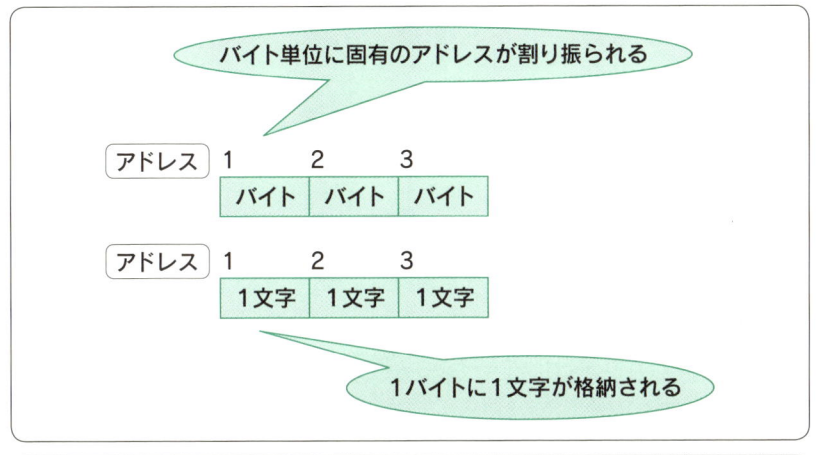

```
バイト単位に固有のアドレスが割り振られる

アドレス  1   2   3
         バイト バイト バイト

アドレス  1    2    3
         1文字 1文字 1文字

1バイトに1文字が格納される
```

図3.1　主記憶装置

主記憶装置は、実行中のプログラムやデータを蓄えられるだけの十分な大きさ（容量）を持つ必要があります。主記憶装置は内部に格納された特定のデータの所在場所を明らかにするために、最小単位ごとに、固有の番地（**アドレス**）が割り振られています。最小単位は、通常、一文字が記憶できる大きさに設定します。一文字は、通常1**バイト**（第5章参照）に記憶されるのが普通であり、バイト単位に固有のアドレスが割り振られます（図3.1）。

ⓐ-② 制御装置

制御装置は、処理中のプログラムの指示手順にそって、コンピュータシステム全体の動作を制御します。主記憶装置にあるプログラムの命令を逐次一つずつ読み取り、何をするべきかを判断し、入出力装置や演算装置に行うべきことを指示します。

たとえば、命令が「入力装置からデータを入力せよ」と指示しているときは、入力装置にデータの読み取りを指示します。入力装置から読み取ったデータは、命令が指示した主記憶装置のアドレスに格納し

> コンピュータの記憶装置には、主記憶装置の他に補助記憶装置がありますが、そのとき実行されているプログラムやデータは、主記憶装置内に記憶されていなければなりません。

ます。そして、次の命令が「そのデータになんらかの演算処理を要求する」ものであれば、制御装置は演算装置にそのデータを演算するように指示を出します（図3.2）。

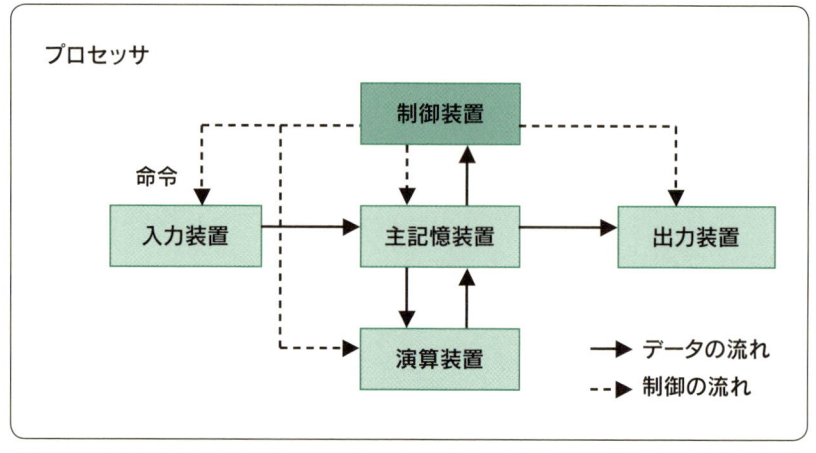

図3.2　制御装置はコンピュータの動作を制御する

ⓐ - ③　演算装置

演算装置は、制御装置の指示に従い、データの演算を行います。プログラムの命令が、主記憶装置内のあるデータの演算を指示している場合は、各装置は次のように連携をとりながら処理します。

① 制御装置が主記憶装置内からそのデータを取り出し、演算装置内にある**レジスタ**に格納します。

② 演算装置は、制御装置の指示にしたがい、レジスタ内のデータを用いて指示された演算を行います。

③ 演算結果は、指定された主記憶装置の場所に戻されます。

演算対象になるデータの主記憶装置内の所在場所及び演算結果を保存する場所は、命令内にアドレスで指定します。

プロセッサは、主記憶装置、制御装置、演算装置を互いに連携させながら、仕事を実行していきます。仕事を処理していく手順は、主記憶装置に蓄えられたプログラムの指示に従います。そこで、まずプログラムとは何か、また、それを構成する命令について具体的に見てみることにします。

> レジスタはメモリの一種で、主メモリより処理速度が速く、レジスタに格納したデータは演算可能になります。

3.3 プログラムの実行

A プログラムとは何か

コンピュータは、ハードウェアとソフトウェアを互いに連携させながら仕事を実行します。ハードウェアは、機械そのものであり、データ入出力やデータ処理の基本的操作（記憶、制御、演算）だけを行ないます。それを上手く組み合わせて、目的にそった仕事を行わせるのはソフトウェアです。ソフトウェアは**プログラム**とも呼ばれています。

> - プログラムは仕事の手順を指示する。
> - プログラムは命令の集まりである。
> - プログラムは、命令によってハードウェアに何を行うかを指示する。

プログラムは、仕事ごとに作成されます。仕事の処理手順は、仕事ごとに異なります。したがって、プログラムはそれぞれの仕事の処理手順にそって作成されます。処理手順は一連の命令によって指示します。プログラムで仕事の処理手順を記述するとはどういうことか、簡単な例でみてみます。

例題

「二つのデータA、Bを入力し、それらを加算した答Cを求める。加算後、Cを印刷出力する。」

この問題をコンピュータで処理するための手順は、次のようになります。

① 二つのデータを入力装置から入力し、主記憶装置のAとBに記憶する。

② AとBに記憶されているデータを加算し、答を主記憶装置のCに蓄える。

③ Cにあるデータを印刷出力する。

このような処理手順を**アルゴリズム**と言います。アルゴリズムに

プログラムでデータを処理するときは、それぞれのデータに固有の変数名を付けて扱います。変数名は、プログラム作成時にプログラミング言語の規約にそって、作成者が自由につけることができます。例題のA、B、Cは変数名です。それぞれの変数は、プログラムが実行されるときに、格納するためのアドレスが割り当てられます。

そって命令を組み立てたものがプログラムです。

B プログラムを実行する仕組み

図3.3は、コンピュータが、先の例題をプログラムで指示した手順にそって処理していく様子を示しています。

図中の①〜⑪は時間的な順序を示しています。また、矢印の実線はデータの流れ、点線は制御指令の流れを示しています。この問題を処理するプログラムは、あらかじめ作成されていて、補助記憶装置に保存されているものとします。主記憶装置、制御装置、演算装置、入出力装置がどのように連携をとりながら、このプログラムを実行していくかを時間的に順序立てて見ていくと、次のようになります。

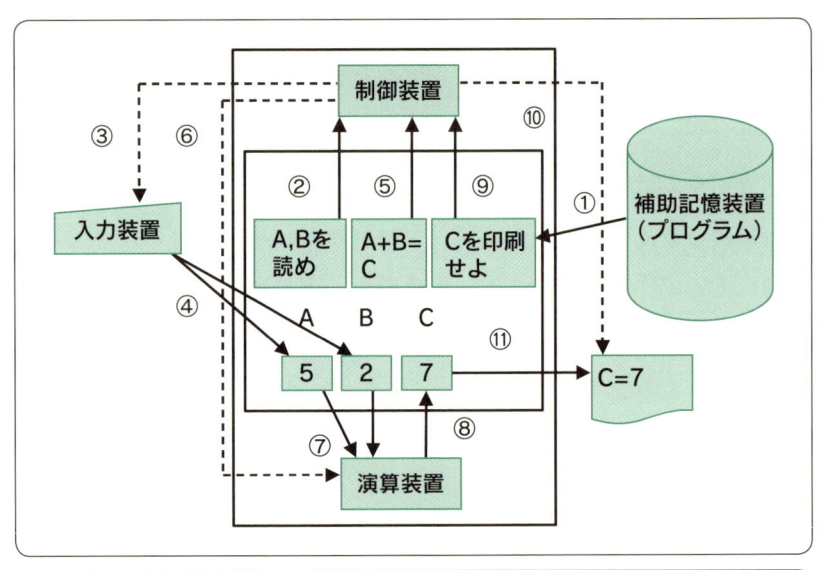

図3.3 例題を処理するプログラムの実行

① このプログラムを実行可能な状態にするために、補助記憶装置から主記憶装置にプログラムをロードします。
② 制御装置は、プログラムの最初の命令「入力装置から二つのデータを読み取り、主記憶装置のA、Bに記憶せよ」を主記憶装置から読み取り、その命令が何を行うものかを解読します。
③ 命令がデータの入力に関するものであるため、制御装置は入力装置にデータを読み取るよう指示します。

④ 入力装置は制御装置の指示に従い、二つのデータ A、B（この例では 5 と 2）を読み取り、それらを主記憶装置の割り当てられたアドレスに格納します。

⑤ 次に、制御装置はプログラムの 2 番目の命令「A と B を加算し、答を C に蓄えよ」を主記憶装置から読み取り、命令を解読します。

⑥ 命令の解読結果により、制御装置は、A と B を主記憶装置から演算レジスタに移し、演算装置に「A + B = C」の演算を行うよう指示を出します。

⑦ 演算装置は、その指示に従い、A、B のデータを加算し、答 C を求めます。

⑧ 制御装置は、主記憶装置の C のアドレスに加算結果を格納します。

⑨ 制御装置はプログラムの 3 番目の命令「C のデータを印刷出力せよ」を主記憶装置から読み取り、解読します。

⑩ 制御装置は解読結果をもとに、出力装置（プリンタ）にデータの出力を指示します。

⑪ 出力装置は、制御装置の指示に従い、主記憶装置内のデータ C を印刷出力します。

この例からわかるように、実行するプログラムとデータは、主記憶装置に蓄えられます。制御装置は、プログラムの一つひとつの命令を解読し、関連装置に指示を出します。その指示に従って、関連装置が適切な処理を行います。結果として、プログラムが指示した処理手順にそって問題を解決していくことになります。

3.4　プログラムの命令

A　命令の構造

プログラムは、最初、日常言語に近い JAVA や FORTRAN などのプログラミング言語を用いて作成します。コンピュータでそれを実行

> コンパイラはプログラミング言語で書かれたプログラムを機械語に翻訳するソフトウェアです（第 11 章参照）。

するときは、**コンパイラ**によってハードウェアが理解できる**機械語命令**に翻訳されます。一つの機械語命令は、基本的には、操作対象のデータを指定する部分（**オペランド部**または**アドレス部**と呼ぶ）と操作内容を指定する部分（**オペレーション部**または**命令コード部**と呼ぶ）で構成されます（図3.4）。

オペレーション部	オペランド部

図3.4　機械語命令

オペランド部で、操作対象になるデータを指定するときは、そのデータが貯えられている主記憶装置のアドレスを指定します。このアドレス指定の方法には、コンピュータの機種によっていくつかの方法があり、それによって、オペランド部の形式も変わってきます。

B　命令の例

具体例で、オペレーション部とオペランド部を見てみます。先の例で、A＋B＝Cの演算を行わせる場合、プログラミング言語で次のように書くことができます。

① 　　LD　　　REG1, A
② 　　ADD　　REG1, B
③ 　　LD　　　(C), REG1

このプログラムは、あくまでも一つの例に過ぎませんが、それぞれの命令の左端の'LD'とか'ADD'は、その命令で何を行うかを指示する部分で、機械語ではオペレーション部に変換されます。そして、残りの右側の部分、'REG1'とか'A'などが、オペランド部に変換されます。

一つ一つの機械語の命令は、基本的には、「どのデータをどうするのか」を指示するようになっています。たとえば、「AとBを加えよ」といったことを一つの命令で指示します。

①は、変数Aの値をREG1というレジスタに格納することを指示しています。
②はAの値を格納したREG1に変数Bの値を加算するよう指示しています。
③はREG1の値（AとBを加算した答）をCのアドレスに格納することを指示しています。

> **COLUM**
>
> **主記憶装置と補助記憶装置**
>
> 　主記憶装置と補助記憶装置の関係は、勉強するときの机の上の作業空間と引出しの関係にたとえることができます。すべての科目のノートは、普段それを収納できるだけの大きさを持った引出しに保存しておきます。ある科目の勉強をするときは、引出しからその科目のノートだけを取り出し、机の上に開いて勉強します。
>
> 　主記憶装置は、机の上の作業空間であり、補助記憶装置は引出しに相当します。机の上の広さは限度があり、すべての科目のノートを同時に開いておくことはできません。その時必要なノートだけを開くことになるはずです。主記憶装置も大きさに限度があり、その時必要なプログラムやデータだけを記憶します。
>
> 　補助記憶装置は、主記憶装置よりも、容量的に大きなものが要求されます。最近のコンピュータでは、通常、補助記憶装置としてディスクを用います。

この章のまとめ

1. プロセッサは、入力データを処理・加工し、出力を生成します。

2. プロセッサは、下記の機能を持った主記憶装置、制御装置、演算装置で構成されます。
   主記憶装置：実行するプログラムとデータを格納する。
   制御装置　：プログラムの命令を解読し、実行できるようコンピュータシステムの各構成要素に指示を出す。
   演算装置　：プログラムの命令が指示する演算を行う。

3. プロセッサで何を行うかは、ソフトウェア（プログラム）が指示します。

4. プログラムは命令の集まりであり、一連の命令で仕事の手順を指示します。

5. プログラムは、日常言語に近いプログラミング言語で作成され、それをコンパイラで機械語に変換します。プロセッサは、機械語の命令を解読し、仕事を進めます。

6. 命令はオペレーション部とオペランド部で構成されます。オペレーション部は、操作内容を指示し、オペランド部は、操作対象のデータを指定します。

練 習 問 題

問題1　コンピュータの基本構成要素を示す図中の空欄①～⑤に適切な用語を記入しなさい。ただし、図中の実線はデータの流れ、点線は制御の流れを示します。

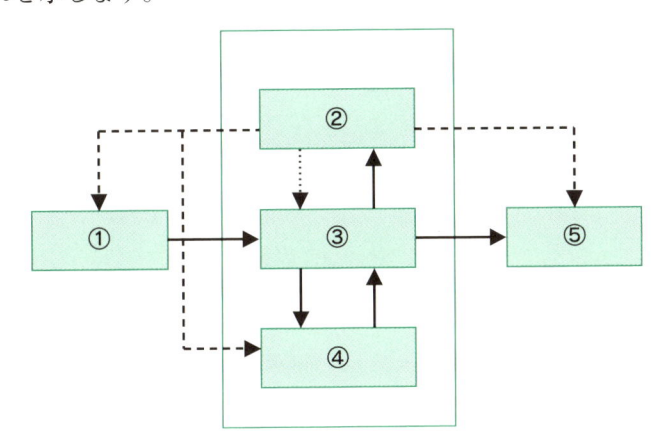

問題2　次の文はプロセッサに関する何について説明したものですか。（　）内に適切な用語を入れなさい。
(1)　主記憶装置内にあるプログラムの命令を一つずつ取り出し、それを解読し、関連装置に操作指示を出す（　　　　　）。
(2)　実行中のプログラムとデータを記憶する（　　　　　）。
(3)　命令が指示する演算を行う（　　　　　）。

問題3　プログラムに関する下記の説明文の（　）内に適切な用語を入れなさい。

　　プログラムは仕事の手順を示す一連の（　a　）から構成される。（　a　）は（　b　）部と（　c　）部で構成され、（　b　）部は操作内容を、（　c　）部は処理すべきデータのアドレスを指定する。

第4章

プロセッサの性能を評価してみよう

教師：パソコンのパンフレットやマニュアルを少し注意してみれば、プロセッサの仕様についていろいろ説明してあるだろう。

学生：説明を読んでも、よく意味がわからないことが多いです。動作速度が3.2GHzとかキャッシュメモリがどうとやら言われても、よく理解できません。

教師：仕様の意味が理解できれば、そのプロセッサがどの程度の性能をもっているかの判断ができるようになるんだ。今回はそのあたりを少し述べてみよう。

この章で学ぶこと

1. プロセッサ処理速度を決定する基本は、命令の実行時間であることを理解し、命令の実行時間をきめる要因について考える。
2. プロセッサ内の各種記憶装置の種類と特徴を理解する。
3. プロセッサの処理効率改善の方法と効果について検討する。
4. 記憶装置に使用される半導体記憶素子の種類と特徴について理解する。

4.1 命令の実行時間はプロセッサの性能評価指標の一つである

● プロセッサの処理速度をきめる基本的要因は、命令の実行時間である。

プログラムは仕事の手順を指示する一連の命令で構成されており、プロセッサでそれらの命令が逐次実行されていくことは、第3章で述べました。プロセッサの性能は、これら命令の実行時間で評価することができます。命令の実行時間が速ければ、その分、プロセッサの処理速度は速くなります。

A 命令の実行時間

命令サイクル	主記憶装置から命令を取り出す時間 命令を解読する時間 関連装置に操作指示を行う時間
実行サイクル	主記憶装置からデータを取り出す時間 指示された操作を行う時間

図 4.1 命令の実行時間

ⓐ-① 命令サイクル

主記憶装置に格納されたプログラムの命令が実行されるときは、制御装置の指示により、一つひとつの命令を主記憶装置から取り出し、制御装置内に持ってきます。制御装置は、その命令を解読し、関連装置に操作指示を出します。これらの作業をするための時間を**命令サイクル**といいます。

ⓐ-② 実行サイクル

その後、アドレス指示にもとづいて主記憶装置からデータを取り出し、オペレーション指示にもとづいた処理を行います。この作業を行う時間を**実行サイクル**といいます。命令サイクルと実行サイクルを加えたものが、その命令の実行時間になります（図4.1）。

> 命令の解読は、主記憶装置内のどこのデータ（オペランド部で指定）にどんな操作（オペレーション部で指定）を行うかを判断します。

4.1 命令の実行時間はプロセッサの性能評価指標の一つである

B クロック信号の周波数

- プロセッサの主要な仕様の一つは、クロック信号の周波数である。
- クロック信号の周波数が大きいと、命令の実行時間が短くなり、プロセッサの処理速度は速くなる。

ⓑ-① クロック信号

- クロック信号 ：プロセッサが命令を実行するときの同期信号
- クロック周波数 ：1秒間の同期回数（1周波で1同期）
- クロックサイクル：1回の同期時間

プロセッサは、命令を実行するとき、どんな操作でも、ある一定のタイミングで同期を取りながら行います。この同期をとるための信号を**クロック信号**といいます。クロック信号は1秒あたりの周波数（単位：ヘルツ（Hz））で表されます。これを**クロック周波数**と言います。一つの周波数で、1回の同期が取られます。1回の同期をとるために時間をクロックサイクルと呼びます。**クロックサイクル**は、周波数の逆数で求めることができます。クロックサイクルが小さい（周波数が大きい）ほど、1秒間の同期回数は多くなります。

ⓑ-② CPI

- **CPI：命令の実行に要するクロックサイクル数**

ある命令の実行時間は、その命令を実行するのに必要なクロックサイクル数で表されます。これを **CPI** と呼んでいます。命令の種類によって、CPI は異なります。1CPI で実行できる命令もあれば、8CPI を必要とする命令もあります。いずれにせよ、クロックサイクルが小さいほど、プロセッサにおける命令の処理速度は速くなります。

プロセッサの性能を表す指標としては、通常、クロック周波数を用います。クロック周波数が大きいほど、クロックサイクルは小さくなり、高性能ということになります。

たとえば、クロック周波数が 10MHz（1M は 100万）であれば、1秒に 10,000,000 回の同期がとられます。これは、1回の同期時間が、1/10,000,000 秒 ＝ 0.1マイクロ秒（1マイクロは100万分の1）になることを意味します。

CPI（Cycles Per Instruction）

パソコンのマニュアルなどにも、プロセッサの仕様の一つにクロック周波数が表記されています。たとえば、あるメーカのパソコンの仕様書に、モデル A は 3.20GHz、モデル B は 2.80GHz と記載してあれば、モデル A の方がモデル B より高性能ということになります（G は10億）。

4.2 プロセッサの記憶装置

　プロセッサの性能をみる場合、命令の実行時間のほかに、使用されている記憶装置の大きさで評価することもできます。コンピュータには、データやプログラムを格納するために、いろいろなタイプの記憶装置があります。実行中のプログラムやデータを格納するための主記憶装置、大量のデータやプログラムを保存しておくだけの補助記憶装置については、既に説明しました（第3章：コラム）。実際には、それ以外にも、レジスタやキャッシュメモリなど少し異なったタイプの記憶装置もあります。これらの記憶装置は、記憶容量、アクセス時間、価格などの特性がそれぞれ異なっており、特性に応じた使い分けが行われています。

A　プロセッサ内の記憶装置の種類

ⓐ-①　プロセッサ内の記憶装置の要件

> ● 処理中のプログラムやデータを格納できるだけの大きさを持つ。
> ● 自由に読み書きができる
> ● 処理速度が速い
> ● コストが安い

　プロセッサ内の記憶装置は、実行中のプログラムやデータを格納するために使用されます。そのため、記憶装置の特性として、プログラムやデータを十分格納できるだけの記憶容量が要求されます。また、仕事ごとにプログラムやデータを入れ替える必要があるので、読み書きが自由にできること、そのための処理速度が速いことなども要求されます。さらに、低コストであることも条件になります。

ⓐ-② 記憶階層

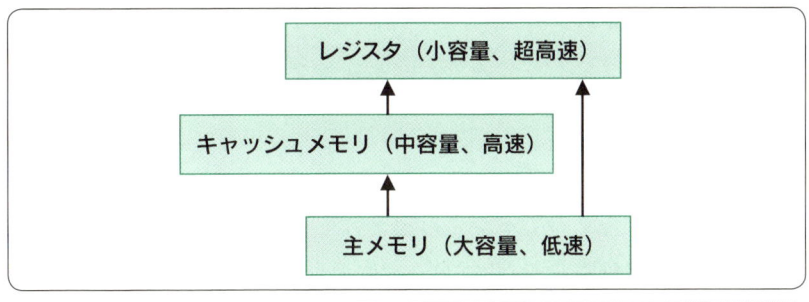

```
┌─────────────────────────────────────────┐
│         レジスタ（小容量、超高速）          │
│              ↑                          │
│      キャッシュメモリ（中容量、高速）       │
│              ↑                          │
│         主メモリ（大容量、低速）           │
└─────────────────────────────────────────┘
```

図 4.2　プロセッサ内の記憶装置

　主記憶装置に使用される記憶素子は、コストの安いものは処理時間が遅い、処理時間の速いものはコストが高いという特徴があります。そのため、実際のコンピュータでは、コストなどいろいろな条件を勘案しながら、記憶素子を使い分け、低コストで、プロセッサ全体の処理効率を高めるように配慮されています。具体的には、主メモリ、キャッシュメモリ、レジスタといった記憶装置を用意し、装置全体の処理効率を高めるようにしています（図 4.2）。

ⓐ-②-① 主メモリ

　主メモリは、実行中のプログラムやデータを格納しておくために使用される主記憶装置の中心的なものです。そのため、記憶容量はできるだけ大きいことが要求されます。また、仕事ごとにプログラムやデータを入れ替える必要があるので、読み書きが自由にできることも不可欠です。主メモリは、記憶容量をできるだけ大きくしたいため、キャッシュメモリやレジスタなどよりアクセス時間が遅い、安い単価の記憶素子を使用しています。

ⓐ-②-② キャッシュメモリ

　キャッシュメモリは、速度的には、レジスタと主メモリの中間に位置付けられるメモリです。プロセッサの処理速度を高めるために使用します。データのアクセス時間を主メモリより早くするために、アクセス時間の速い記憶素子を用います。アクセス時間の速い記憶素子は単価が高いために、容量的にはあまり大きくできません。キャッシュメモリは、主メモリに較べ、小容量で、高速の記憶装置という特徴を

性能面からみれば、処理速度が速ければ速いほどよいのは当然です。しかし、処理速度の速い記憶素子を大量に使用すれば、その分コストが高くなってしまいます。コストが高くなれば、価格も高くなり、パソコンなど個人対象のコンピュータでは、顧客に買ってもらえません。

記憶容量をできるだけ大きくするには、単価が安い記憶素子を使用する必要があります。しかし、記憶単価の安い記憶素子は、データの読み書き時間（アクセス時間）が遅いという難点があります。

持っています。

ⓐ-②-③　レジスタ

レジスタは、プロセッサ内でもっともアクセス時間が速い記憶装置です。

レジスタの使用目的は

・処理対象データのアドレス指定を行う（ベースレジスタ）

・データの演算を行う（汎用レジスタ）

などです。プロセッサは、通常、複数個のレジスタを持ちますが、レジスタごとの記憶容量は大きくありません。そのため、レジスタには、処理速度が主メモリに較べて格段に速い、高価な記憶素子が使用されます。

> プロセッサは、主メモリからデータをレジスタに持ってきて処理します。その場合、主メモリのアクセス時間が遅ければ、その間レジスタは待たされることになります。これでは、レジスタの高速処理能力が十分に活かされません。この時間差を埋めて、レジスタの能力を生かすために、キャッシュメモリが使用されます。

Ⓑ　プロセッサの処理効率改善

> **実行中のプログラムやデータで、処理確率の高い一部をキャッシュメモリ上に置くことにより、処理時間を速くする**

処理するプログラムやデータをキャッシュメモリ上に置いておけば、主メモリ上に置いておくよりも、処理時間が速くなります。ただ、キャッシュメモリは容量が小さいため、すべてをそこに置くわけにはいきません。そこで、次に処理する確率の高いプログラムやデータの一部をなるべくキャッシュメモリ上に置くようにコンピュータがコントロールします。

ⓑ-①　ヒット率とNFP

処理に必要なプログラムやデータがキャッシュメモリ上に存在する確率を**ヒット率**といいます。逆に、キャッシュメモリ上に存在しない確率を**NFP**といいます。NFPは、1－ヒット率で求められます。ヒット率が高いほど、処理時間は速くなります。

> NFP（Not Found Probability）

ⓑ-②　平均アクセス時間

主メモリとキャッシュメモリを併用することで、データのアクセス時間がどの程度改善されるかを簡単な例で考えてみます。主メモリとキャッシュメモリを併用したときは、次のような状態が発生します。

① 処理対象のデータがキャッシュメモリに存在すれば、キャッシュメモリのアクセス時間で処理できる。その確率はヒット率で表すことができる。

② データが主メモリに存在すれば、主メモリのアクセス時間で処理する。その確率は1－ヒット率（NFP）である。

したがって、**平均アクセス時間**は、

平均アクセス時間
= （キャッシュメモリのアクセス時間×ヒット率）＋（主メモリのアクセス時間× NFP）

になります。いま、キャッシュメモリのアクセス時間が10ナノ秒、主メモリのアクセス時間が70ナノ秒とした場合、平均アクセス時間は、上記の式で計算するとヒット率60％で34ナノ秒、70％で28ナノ秒になります。キャッシュメモリを使用せず、主メモリだけの場合は、アクセス時間は70ナノ秒なので、ヒット率60％でほぼ半分、70％では4割にアクセス時間が短縮されることが判ります。

> 1ナノ秒は10億分の1秒
>
> ヒット率60％：
> 平均アクセス時間＝10 × 0.6 ＋ 70 (1-0.6) ＝ 34ナノ秒
> ヒット率70％：、
> 平均アクセス時間＝10 × 0.7 ＋ 70 (1-0.7) ＝ 28ナノ秒

4.3 半導体記憶素子

　実行中のプログラムやデータを記憶する主メモリやキャッシュメモリ、レジスタなど高速アクセスが要求される記憶装置では、記憶素子として**半導体記憶素子**が使われています。半導体記憶素子は電子的な速度でアクセスできるので、アクセス時間は速くなります。

　半導体記憶素子には、いろいろなタイプのものがあります。タイプによって異なった特性があります。大別すると、読み取りだけができ、書込みができないROMと読み書き両方ができるRAMに分けられます。

> 半導体記憶素子は、ICメモリとも呼ばれています。
>
> ROM（Read Only Memory）

A ROM

　ROMは、読み取り専用のメモリです。読み取るためのデータを最初にどこかで書き込んでおく必要があります。ROMは、**不揮発性**であり、一度書込んだデータは、消えないため、何度でも読み取ること

> 電源を切ったとき記憶データが消えることを揮発性といいます。消えないことを不揮発性といいます。

ができます。書き込んだデータを消去することは、通常はできません。また不揮発性のため、持ち運びが可能です。一般に、ROM は記憶容量が大きく、高速ですが、RAM に比べるとアクセス時間は遅くなります。

ROM には，マスク ROM、PROM、フラッシュメモリといったいくつかのタイプがあります。**マスク ROM** は、メーカがデータを書き込んでおき、利用者はそれを読み取るだけの ROM です。**マイクロプログラム**を格納するためのメモリとして用いられます。**PROM** は、最初に一度だけ利用者が書込みを行える ROM です。**フラッシュメモリ**は、利用者が何度でも書き込みができる ROM です。データを消去することもでき、RAM に等しい機能を持っています。ただ、不揮発性の特性を有するため、ROM として位置づけられています。記憶内容の保持に電力供給を必要とせず、ディジタルカメラの記憶媒体や USB メモリとして広く使用されています。

Ⓑ RAM

RAM は、ROM のように読み取り専用ではなく、読み書きの両方が可能なメモリです。ただ、揮発性のため電源を切ると記憶したデータが消えてしまいます。ROM のように、一度書き込んだデータは、電源を切ってもいつまでも読めるというわけにはいきません。

RAM には、SRAM と DRAM の二つのタイプがあります。**SRAM** は、コストが高く、大容量が必要になる主メモリには使用されません。ただ、アクセス時間が高速なため、高速処理が要求されるキャッシュメモリなどに使用されます。**DRAM** は、安価で、高集積化も可能なため、大容量が要求されている主メモリなどで使用されます。ただ、アクセス時間は SRAM より遅くなります。表 4.1 は半導体記憶素子の特徴をまとめたものです。

PROM（Programmable ROM）

RAM（Random Access Memory）

SRAM（Static RAM）
フリップフロップという複雑な回路を用いてデータを記憶します。

DRAM（Dynamic RAM）
コンデンサの電荷の状態を利用してデータを記憶します。フリップフロップ回路に較べ、回路が単純で安価です。電荷が短時間で消えてしまうため、何度も電流を流すリフレッシュ動作が必要です。

表 4.1　半導体記憶素子

ROM		RAM	
読み取りだけ データが消えない（不揮発性） 持運び可能 アクセス時間遅い		読み書き両方 データが消える（揮発性） 持運び不可 アクセス時間速い	
マスクROM	PROM	SRAM	DRAM
書き込みはメーカ マイクロプログラムの格納	書き込みは利用者 フラッシュメモリ	高速、高価 キャッシュメモリ	高集積化、安価 主メモリ

この章のまとめ

1. プロセッサの処理速度をきめる基本的要因は、命令の実行時間である。命令の実行時間は命令サイクルと実行サイクルの和である。

2. プロセッサはクロック信号で同期をとりながら命令を実行する。

3. クロック信号の周波数で 1 秒間の同期回数がきまる。

4. 1 回の同期時間をクロックサイクルという。周波数が大きいほど、クロックサイクルは短くなり、プロセッサの速度は速くなる。

5. プロセッサの処理速度を速めるために、主メモリ、キャッシュメモリ、レジスタなどの記憶装置が併用される。

6. プロセッサで使用される記憶装置は、処理中のプログラムやデータを格納するだけの容量を持つ必要がある。読み書きが自由、処理速度が速いなどの要件を満たす必要がある。

7. プロセッサの記憶装置としての要件を満たすのは、半導体記憶素子であり、ROM と RAM の二つのタイプがある。

8. ROM は読み取り専用、RAM は読み書き自由であり、主メモリやキャッシュメモリには、主として RAM が使用される。

9. RAM は SRAM と DRAM に分けられる。SRAM は処理速度が速くキャッシュメモリに使用され、DRAM は処理速度が SRAM より遅く主メモリに使用される。

練習問題

問題1　次の文の（　）内に適切な用語を入れなさい。

(1) 命令の実行時間は、（　a　）と（　b　）の和である。

(2) プロセッサは、どんな操作でも、ある一定のタイミングで同期をとりながら行う。同期を取るために信号を（　c　）という。（　c　）の（　d　）により、1秒間の同期回数がきまる。（　d　）が大きいほど、プロセッサの処理速度は（　e　）くなる。

(3) CPIは、一つの命令を実行するために要する（　f　）数である。

問題2　クロック信号の周波数が3.2GHzのプロセッサのクロックサイクルを求めなさい。

問題3　プロセッサで使用される三つのタイプの記憶装置をあげ、それぞれの使用目的について述べなさい。

問題4　キャッシュメモリのアクセス時間が主メモリの1/10で、ヒット率が80％のとき、平均アクセス時間は主メモリだけのときのアクセス時間の何倍になりますか。

問題5　半導体記憶素子に関する次の記述で、正しいものには○、正しくないものには×をつけなさい。

(1) ROMは、基本的には読み取り専用である。最初に一度だけ書込みができるが、その書き込みはメーカだけが行うことができ、利用者はできない。

(2) フラッシュメモリは、ROMであるが、何度でも書き込めるので、ディジタルカメラやUSBメモリの記憶媒体によく使用される。

(3) RAMは、読み書きが自由にでき、不揮発性のため、持ち運びが出来る。

(4) DRAMは、高集積化が可能なので、大容量を要求される主メモリに使用される。

(5) DRAMはSRAMよりアクセス時間は速い。

第 5 章

データはコンピュータの内部でどのように表現されるのだろうか(1)
―2進数について理解しよう―

教師：人間が普段の生活で使っている数値は10進数だよね。

学生：1円玉が10個で10円、10円玉が10個で100円。同じ単位のものが10個集まれば1桁多くなる。

教師：ところが、コンピュータは基本的に10進数ではものごとを考えない。2進数で考えるんだよ。

学生：？？

教師：それでは、コンピュータの世界がなぜ2進数なのか、2進数はどのような特徴を持った数値なのか説明することにしよう。

学生：数学は苦手なんだよな。

教師：算数の知識があれば十分だよ。

この章で学ぶこと

1 コンピュータで扱うデータがなぜ2進数なのかを理解する。
2 2進数の仕組みを10進数と比較しながら理解する。
3 2進数から10進数、10進数から2進数への変換ができるようになる。
4 2進数の四則演算ができるようになる。

5.1 2進数とは

A コンピュータはなぜ2進数を扱うのか

● コンピュータで扱うデータは2進数である。

コンピュータでのデータ処理を考える場合、2進数の理解が不可欠です。コンピュータの世界が2進数であるため、日常生活で扱う10進数をコンピュータで処理させるためにはそれを2進数に変換しなければなりません。逆に、コンピュータの処理結果を日常生活で利用するときは、2進数のままでは理解しにくいので、2進数を10進数に変換する必要があります。

普段の生活で扱う数値は**10進数**です。100円ショップの商品の値段はすべて100円です。消費税をいれると108円になります。いずれにせよ、100円も108円もともに10進数です。人間は子供の頃から10進数に慣れ親しんでいるので、10進数の数を扱うのに特に抵抗はありません。

ところが、コンピュータが扱う数値は**2進数**です。理由は、コンピュータが電子回路（IC）の集まりでできた機械だからです。コンピュータでは、数を扱うときも電子回路がベースになります。1桁の数値を表現する場合、該当する電子回路に電流が流れたか流れていないか、あるいは電圧が高いか低いかの二者択一で判断します。たとえば、電流が流れていれば〔1〕、流れていなければ〔0〕と判断します。コンピュータのような機械を設計する場合、YESかNOかの判断だけで処理ができるようにすれば、仕組みが単純になり、設計が容易になるのです。

コンピュータの世界は、0と1から成り立っています。記憶装置に蓄えられるデータやプログラムも0と1の集まりで構成されます。0と1の世界、これが2進数であり、コンピュータがディジタルマシンといわれる所以です。2進数とは何か、10進数とは何か、それぞれの仕組みを理解することによって、お互いの変換も可能になります。

B 10進数と2進数の仕組み

● 10進数は基数が10であり、10ごとに1桁繰り上がる。
● 2進数は基数が2であり、2ごとに1桁繰り上がる。

10進数は、各桁の数は10になると1桁繰り上がります。これを**基数**が10であるといいます。この要領でいくと、2進数は、基数が2で、各桁は0か1のどちらかの数になり、2になると1桁繰り上がることになります。たとえば、10進数の13を例にとって考えてみましょう。13を10進数の式で表現すると

$$13 = 1 \times 10^1 + 3 \times 10^0$$

です。これを2進数で表現すると

$$1101 = 1 \times 2^3 + 1 \times 2^2 + 0 \times 2^1 + 1 \times 2^0$$
$$= 1 \times 8 + 1 \times 4 + 0 \times 2 + 1 \times 1 = 13(10進数)$$

になります。

```
  1      3                1    1    0    1
  ↑      ↑                ↑    ↑    ↑    ↑
 十の位  一の位           八の位 四の位 二の位 一の位
 (10¹)  (10⁰)            (2³)  (2²)  (2¹)  (2⁰)
    (a) 10進数                  (b) 2進数
```

図5.1　10進数と2進数の位

> 10進数の各桁は基数が10ですから、右端の桁が 10^0、以下桁が上がるごとに 10^1、10^2、10^3 を表します。この要領でいくと、2進数の各桁は、基数が2ですから、右端の桁が 2^0、以下桁が上がるごとに 2^1、2^2、2^3 を表すことになります。
>
> 小数点の表現も同じ要領で考えることができます。
> 2進数の小数第1位は 2^{-1}、第2位は 2^{-2} …となります。
> たとえば、1111.11 は10進数で15.75になります。

10進数では、桁が一つ上がるにつれ、一、十、百という具合に、前の桁の10倍になったのに対し、2進数では、桁が一つ上がるにつれ、一、二、四、八という具合に、前の桁の2倍になっていきます（図5.1）。そして、下位からn桁目の数は、2^{n-1} を掛けた大きさになります。10進数の13は、8と4と1の和となるので、上式のように、1101という4桁の2進数で表されます。

C コンピュータでの2進数表現

> ● **コンピュータでは、2進数の1桁をビットという。ビットは0か1の2通りの数値を表す。**

コンピュータでは、ある回路に電流が流れているかいないかで2進数の1桁を表現します。この1桁の単位を**ビット**と呼びます。一つのビットで0か1を表現し、1桁の2進数を表現します。ビットを二つ

集めれば、2桁の2進数を表現できます。それぞれのビットで0と1を表現できるので、合わせて4通り（2^2）の組合せが表現できることになります。つまり、10進数の0～3までが表現できます（図5.2）。2進数の1桁目で、10進数の0、1を表現し、2になると桁が繰り上がって2桁目が1になっているのが読取れるはずです。

```
        2進数              10進数
        0    0              0
        0    1              1
        1    0              2
        1    1              3
      (bit2)(bit1)
```

図5.2　2進数と10進数

5.2　2進数と10進数の変換

A　2進数から10進数への変換

$$10進数 = \sum_{n=1}^{n=n} i_n \times 2^{n-1} \quad i_n はn桁目2進数の数値$$

図5.3　2進数から10進数への変換

右式で、Σは総和を示す記号です。パソコンで表計算ソフトなどを使用したことのある人には、合計を求める関数（SUM）のアイコンとしておなじみの記号です。この式は、n桁の2進数の1桁目からn桁目までのそれぞれの数値に2^{n-1}を掛けたものの合計が10進数の数値になることを示しています。

　2進数を10進数に変換するには、5.1 Ⓑの計算式で説明した方法で計算すればできることになります。つまり、2進数の各桁の数値（0か1）にその桁の位の大きさ（2^0、2^1、2^2、2^3…）を掛けた結果を全部足せばよいのです。

　一般的に表現すれば、n桁の2進数を10進数に変換するには、下位からn桁目の数（0か1）に2^{n-1}を掛け、各桁の合計をもとめた結果が、その2進数を10進数に変換したものになります。少し難しい印象を与えますが、公式として表現すると図5.3の式で表現できます。

B 10進数から2進数への変換

- 10進数の数値を2の倍数の数値の和に分解し、該当桁に1をたて、他の桁は0にする。

次に、先ほどとは逆に、10進数を2進数に変換する方法を考えてみます。

10進数の105を例にして、これを2進数に変換してみます。2進数の各桁は、下位の桁からそれぞれ1 (2^0), 2 (2^1), 4 (2^2), 8 (2^3), 16 (2^4), 32 (2^5), 64 (2^6), 128 (2^7) と1桁上がるごとに、前の桁の2倍の大きさになっていきます。10進数の105は、2の倍数の和として分解すると

105 = 64+32+8+1

になります。したがって、1桁目（$2^0 = 1$）,4桁目（$2^3 = 8$）、6桁目（$2^5 = 32$）、7桁目（$2^6 = 64$）に1をたて、他の桁は0にします。結果は、

105 = 1101001

になります。2の倍数に分解する過程をまとめると、図5.4のようになります。

桁	大きさ	2進数	計算過程
7	64	1	105 − 64 = 41 : 7桁目に1
6	32	1	41 − 32 = 9 : 6桁目に1
5	16	0	9 < 16 : 5桁目は0
4	8	1	9 − 8 = 1 : 4桁目に1
3	4	0	1 < 4 : 3桁目は0
2	2	0	1 < 2 : 2桁目は0
1	1	1	1 − 1 = 0 : 1桁目は1

図5.4 10進数105の2進数への変換

5.3 2進数の演算

10進数は、必要に応じて四則演算を行います。同様に2進数も四則演算は必要です。2進数の四則演算の方法について考えてみます。

A 加算

> ● 2進数の加算は、最下位桁から順次上位桁へ行い、桁の加算結果が2になれば、上位桁に1を繰り上げる

2進数の加算は、10進数と基本的に同じです。最下位桁から順に1桁ずつ上位桁へと加算を進めていきます。ただ、10進数が同じ桁の数値を加えて10になれば、一つ上位の桁に1を繰り上げたのに対し、2進数の場合は、同じ桁の数値を加えて2になれば、一つ上位の桁に1を繰り上げます。なぜなら、各桁が一つ下位の桁の2倍（基数が2）になっているからです。

例で考えてみます。10進数の2と3の加算（答は5）を2進数で行ってみます。コンピュータは、一つの2進数を8ビットとか16ビットを使って表現することが多いため、ここでは、8ビットで表現しています。結果は次の通りです。

```
  00000010  （10進数の2）
+ 00000011  （10進数の3）
  00000101  （10進数の5）
```

> 答が2になるのは、同じ桁で1と1を加えた場合です。2進数の加算では、その他のケースとして、0と0（答は0）、1と0（答は1）の場合があります。しかし、これらの場合は、答が0か1なので、繰り上がりは発生しません。

> 2+3の例では、最下位桁は0と1を加えるため答は1です。繰り上がりはなし。2桁目は1と1を加えるため、答は2です。そこで、隣の上位桁（3桁目）に1が繰り上がり、この桁は0になります。3桁目は0と0で、これらを加えると答は0です。しかし、下位桁からの繰り上がりがあるので1になります。4桁目以上は0と0を加えるので、答はすべて0になります。

B 減算

> ● 2進数の減算は、最下位桁から順次上位桁へ行い、桁の減算結果が負になるときは、上位桁から借りてきて行う

2進数の減算は、加算の場合と同様、最下位桁から順に1桁ずつ上位桁へと計算を進めていきます。桁単位で考えると、0から0を引く（答は0）、1から0を引く（答は1）、1から1を引く（答は0）、0から1を引くの4通りのケースがあります。

前の三つのケースは、その桁だけで処理できます。しかし、0から1を引く4番目のケースでは、そのままでは引けないので、一つ上位の桁の1を借りてきて引きます。借りてきた1は、その桁では2に相当するので、2から1を引くことになり、答は1になります。ただ、上位桁の1は、下位桁に貸したので0になります。

10進数の5 − 3 = 2を2進数で行った例を示します。

```
  00000101 （10進数の5）
− 00000011 （10進数の3）
  00000010 （10進数の2）
```

この例では、最下位桁は1から1を引くので、答は0です。2桁目桁は、0から1を引くので、上位桁（3桁目）から1を借りてきて引きます。3桁目の1は2桁目の2に相当するので、答は2 − 1 = 1になります。3桁目は1を2桁目に貸したので、0から0を引くことになり、答は0になります。4桁目以上は0と0の引き算になります。答はすべて0になります。

C 乗算

C-① 2の倍数の乗算

> ● **2進数の乗算は、ビット全体を左に論理シフトすることで行う。左に1桁シフトすると元の数値の2倍になる。**

2進数では1桁上がるごとに2倍の大きさになっていきます。これは、2進数を表すビットを全体に1桁左にずらしたときは、元の値の2倍、2桁左にずらしたときは4倍になることを意味しています。

2進数のビット全体を左右にずらすことを**論理シフト**といいます。左に論理シフトすることで、**2進数の乗算**ができることになります。

C-② 2の倍数以外の乗算

> ● **2進数の乗算で、乗数が2の倍数でないときは、乗数を2の倍数の和に分解して、必要なシフトをした後、それらの和を求めればよい。**

たとえば、00000110（10進数の6）を全体に1桁左にずらすと次のようになります。
　00001100
この値は、10進数の12であり、元の値6の2倍になっています。もう1桁左にずらすと
　00011000
になり、これは10進数の24を表しています。元の6の4倍になっています。

ただ、論理シフトでできる乗算は2の倍数の場合だけです。側注の例のように、6を2倍して12を求めたり、4倍して24を求めることはできます。

しかし、現実には、6を10倍にしたいことも当然出てくるはずです。このような時は、10が2の倍数でないので、少し工夫が必要になります。この場合は、次のような手順で行います。

① 10を2の倍数の和に分解する。
② 分解したそれぞれに2の倍数の乗算を行う。
③ ②の結果を加算する。

このように、乗数が2の倍数でないときは、それを2の倍数の和に分解して、必要なシフトをした後、それらの和を求めればよいのです。この方法で、どんな乗数であっても乗算は可能になります。コンピュータでは、数値を表すビットをシフトすることが容易にできる（シフト用の命令が用意されています）ので、2進数の乗算はこのような方法で行うのが一番簡単です。

D 除算

> ● 2進数の除算は、ビット全体を右に論理シフトすることで行う。右に1桁シフトすると元の数値の1/2になる。

2進数の数値を左に論理シフトすると、元の値が2倍ずつ増えていき、結果として乗算ができました。逆に、右に論理シフトしていくと、桁が1桁ずつ低くなっていくため、元の値が1/2になっていきます。これは、2の倍数で除算をしていることになります。

除算で、1桁ずつ右にシフトしていくと、右端のビットが順にはずれていき、その代わり左に0が入ります。たとえば、

00000110　（10進数の6）

を右に1桁シフトすると

00000011　（10進数の3）

になります。これは、6 ÷ 2 = 3の除算を行ったことを表しています。

右端のビットが1になっている2進数を右シフトするときは、気を

側注：

① 6×10=
6×(8+2)
=6×8+6×2
② 6×8=
00110000（6を左3桁シフト）
6×2=00001100
（6を左1桁シフト）
③ 　00110000
　+00001100
　 00111100
（10進数の60）

この例で、00000011をもう1桁右にシフトした場合（6÷4）、結果は00000001（10進数の1）になり、6÷4＝1.5の正解になりません。その理由は右にシフトをした結果、右端の1（シフトすることで1÷2=0.5になるはずのもの）がはみだして、捨てられてしまったからです。

つける必要があります（側注参照）。もとの2進数のビットが**整数**を表しており、小数点以下の値を表現するようになっていないため、答に小数点がつく（**実数**）場合は、少数以下を切り捨てた結果になってしまいます。

例にあげたようなビット形式は、2進数の整数を表すものであり、**固定小数点数**といいます。固定小数点における徐算は、商は常に整数であり、小数点以下の数値は切り捨てられてしまいます。コンピュータで、小数点を含んだ数値（実数）を扱うときは、固定小数点ではなく、別の**浮動小数点数**の形式で表現する必要があります。

5.4 論理演算

コンピュータ内部では、2進数の演算を論理回路によって行います。論理回路は、論理演算を組み合わせることによって演算を行います。本書では、論理回路は扱いません。しかし、その基本となっている論理演算の知識は、データベースでのデータ検索など他の分野でも広く使用されるため、ここで紹介しておきます。

● **論理演算は、否定（NOT）、論理和（OR）、論理積（AND）の三つが基本である。**

論理演算は、2進数の各桁のビットに対する演算です。論理演算には、基本的に、否定（NOT）、論理和（OR）、論理積（AND）の三つがあります。それぞれの論理演算を式（論理式）や表（真理値表）、図（ベン図）などで表現することができます。

A 否定（NOT）

否定(NOT) は、2進数のビット値を反転させるための演算です。ビット値0を1に、あるいは1を0に反転します。**論理式**では

$F = \overline{A}$

と表現します。ここで、Aはもとの値、Fは演算結果を示します。

Aの取り得る各値（ビット値）に対し演算結果（F）のビット値を

表形式で示したものを**真理値表**といいます。NOTの真理値表は次のように表現できます。

```
A  0 1
―――――
F  1 0
```
真理値表

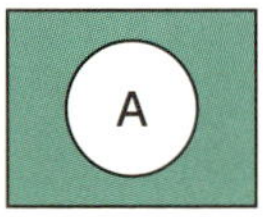

図5.5 NOT

否定演算では、Aのビット値は0か1の値をとり、それぞれに対しFはその逆の1，0になります。

同じことを図で表現することもできます。この図を**ベン図**と言います。NOTのベン図は、図5.5のようになります。ベン図の外側の四角枠は全体の領域を表しています。内側の円はAを表しています。四角枠の円(A)以外の色つきの部分がAでない（NOT A）部分を表しています。

B 論理和（OR）

論理和（OR） は、二つの2進数A、Bの論理和を求める演算です。論理和は、二つの2進数に対し、ビット値のどちらかまたは両方が1であれば答は1、両方とも0であれば答は0になるような演算です。論理式は

  F ＝ A+B

と書きます。真理値表は

```
A  0 0 1 1
B  0 1 0 1
――――――――
F  0 1 1 1
```

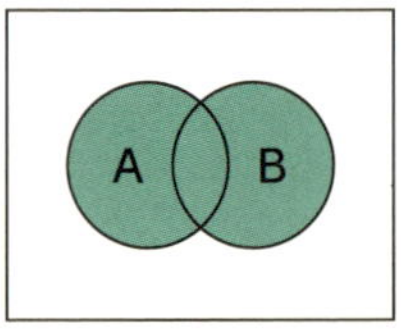

図5.6 OR

になります。AとBが取り得るビット値は、それぞれ0か1です。AとBの組合せとしては、Aの0に対するBの0か1、Aの1に対するBの0か1です。したがって、4通りの組合せがあり、それぞれの場合の論理和の結果（F）を示しています。またベン図は、図5.6

のようになります。外側の四角枠が全体領域、AとBの色つきの部分がAとBの論理和を表しています。

C 論理積（AND）

論理積（AND） は、二つの2進数の論理積を求める演算です。論理積は、二つの2進数に対し、両方のビット値が1であれば答は1、その他の組合せの場合は答が0になるような演算です。論理式は

$F = A \cdot B$

と表現します。真理値表は次のようになります。

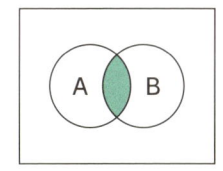

```
A  0 0 1 1
B  0 1 0 1
―――――――――
F  0 0 0 1
```

図5.7　AND

AとBの取り得るビット値の組合せは、論理和の場合と同じです。しかし、論理積の答Fは、AとBの両方が1のときだけ1であり、他の場合はすべて0になります。ベン図は、図5.7になります。AとBの重なった部分がAとBの論理積になります。

この章のまとめ

1. コンピュータで扱うデータは2進数である。

2. 2進数は基数が2であり、2ごとに1桁繰り上がる。

3. コンピュータでは、2進数の1桁をビットという。ビットは0か1の2通りの数値を表す。

4. 2進数を10進数に変換するには

   $$10進数 = \sum_{n=1}^{n=n} i_n \times 2^{n-1}$$　　i_n は n 桁目2進数の数値

   で計算する。

5. 10進数を2進数に変換するには、10進数の数値を2の倍数の数値の和に分解し、該当桁に1をたて、他の桁は0にする。

6. 2進数の四則演算

   加算：最下位桁から順次上位桁へ行い、桁の加算結果が2になれば、上位桁に1を繰り上げる。

   減算：最下位桁から順次上位桁へ行い、桁の減算結果が負になるときは、上位桁から借りてきて行う。

   乗算：ビット全体を左に論理シフトすることで行う。左に1桁シフトすると元の数値の2倍になる。

   除算：ビット全体を右に論理シフトすることで行う。右に1桁シフトすると元の数値の1/2になる。

7. 論理演算（真理値表）

   ```
   NOT      OR        AND
   A 01     A 0011    A 0011
   F 10     B 0101    B 0101
            F 0111    F 0001
   ```

練習問題

問題1　次の2進数は、10進数でいくらになりますか。
　　①　1101
　　②　1011
　　③　1001

問題2　次の10進数を4ビットの2進数で表しなさい。
　　①　7
　　②　11
　　④　15

問題3　次の10進数の演算を2進数で行いなさい。一つの2進数は8ビットで表現すること。
　　①　3 + 6
　　②　8 − 3
　　③　3 × 6
　　④　9 ÷ 2

問題4　次の2進数 A、B の論理和と論理積を求めなさい。
　　A　1110
　　B　0111

第6章

データはコンピュータ内部でどのように表現されるのだろうか(Ⅱ)
―マルチメディアデータの表現方法について理解しよう―

教師：コンピュータが2進数の世界で稼動することについては理解できただろう？

学生：スイッチがONのときは1、OFFのときは0と考えればよいのですよね。ただ1と0だけで、レポートの文章をどのようにして作るのかな。

教師：コンピュータについての疑問が、かなり具体的になってきたね。コンピュータでは、1と0の単位はビットだったよね。このビットをいくつか組み合わせて、文字や画像を表現するんだ。今回は、そのあたりを詳しく整理してみることにしよう。

この章で学ぶこと

1. 文字のコンピュータ内部での表現方法を理解する。
2. ゾーン10進数とパック10進数を理解する。
3. 整数の固定小数点表現について理解する。
4. 画像や音声のコンピュータ上での表現方法について理解する。

6.1 コンピュータで扱えるデータ

> ●コンピュータは、文字（英数字、日本語、記号）、画像、音声などマルチメディアデータが扱える。

パソコンでワープロソフトを用いて、キーボードからローマ字、数字、ひらがななどを入力すれば、漢字やひらがな、数字、英字を含んだ文書が作成できます。また表計算ソフトを用いて、キーボードから入力した数値をもとに家計簿の1ヶ月の収入合計や支出合計などを計算することもできます。

　コンピュータは、マルチメディアデータを処理できます。**マルチメディアデータ**とは、文字、画像、音声などのデータを指します。文字は、英字（アルファベット）やかな、漢字あるいは数字などをディジタルデータとして処理できます。漢字変換ソフトを利用することにより、ひらがなやローマ字で入力されたものを、漢字に変換することも可能です。また、入力された数字を計算できる数値としても処理できます。また、本来はアナログデータである画像や音声をディジタルデータに変換して、処理することもできます。

6.2 文字の表現

> ●コンピュータは、文字をビットの値の組み合わせで表現する。文字ごとにビットの値の組み合わせを変えることで、特定の文字の識別を行う。

一般的には、n個のビットを組み合わせれば、2^n通りの値を表現できることになります。

　コンピュータは、その基本構成要素である電子回路（IC）の特性から、データを2進数で扱うことは第5章で見てきました。2進数の1桁は、0か1の2通りの値を表現し、この単位をビット（bit）ということも説明しました。1ビットで2通り（2^1）の値が表現できれば、二つのビットを組み合わせると4通り（2^2）の値を表現することができます。

　この特性を利用して、コンピュータは文字や数字をビットの組合せで表現します。数字は文字としても表現できるし、数値としても表現できます。ただ、同じ数字でも、文字として扱う（この場合は計算には使用できない）か、計算可能な数値として扱うかでビットの組み合わせが異なってきます。どちらの形式にするかは、使用目的に応じて

使用者がプログラムを作成するときに決定します。

A 英数字や記号の表現

ビット番号

b8					0	0	0	0	0	0	0	0	1	1	1	1	1	1	1	1
b7					0	0	0	0	1	1	1	1	0	0	0	0	1	1	1	1
b6					0	0	1	1	0	0	1	1	0	0	1	1	0	0	1	1
b5					0	1	0	1	0	1	0	1	0	1	0	1	0	1	0	1
b4	b3	b2	b1	列／行	0	1	2	3	4	5	6	7	8	9	10	11	12	13	14	15
0	0	0	0	0	NUL	TC-DLE	SP	0	@	P	`	p	機能符号（未定義）	機能符号（未定義）		ー	タ	ミ	国字符号部分	国字符号部分
0	0	0	1	1	(TC1)SOH	DC1	!	1	A	Q	a	q			。	ア	チ	ム		
0	0	1	0	2	(TC2)STX	DC2	"	2	B	R	b	r			「	イ	ツ	メ		
0	0	1	1	3	(TC3)ETX	DC3	#	3	C	S	c	s			」	ウ	テ	モ		
0	1	0	0	4	(TC4)ETO	DC4	$	4	D	T	d	t			、	エ	ト	ヤ		
0	1	0	1	5	(TC5)EOO	(TC8)NAK	%	5	E	U	e	u			・	オ	ナ	ユ		
0	1	1	0	6	(TC6)ACK	(TC9)SYN	&	6	F	V	f	v			ヲ	カ	ニ	ヨ		
0	1	1	1	7	BEL	(TC10)ETB	'	7	G	W	g	w			ァ	キ	ヌ	ラ		
1	0	0	0	8	FE0(BS)	CAN	(	8	H	X	h	x			ィ	ク	ネ	リ		
1	0	0	1	9	FE1(HT)	EM	)	9	I	Y	i	y			ゥ	ケ	ノ	ル		
1	0	1	0	10	FE2(LF)	SUB	*	:	J	Z	j	z			ェ	コ	ハ	レ		
1	0	1	1	11	FE3(VT)	ESC	+	;	K	[	k	{			ォ	サ	ヒ	ロ		
1	1	0	0	12	FE4(FF)	IS4(FS)	,	<	L	¥	l	¦			ャ	シ	フ	ワ		
1	1	0	1	13	FE5(CR)	IS3(GS)	-	=	M	]	m	}			ュ	ス	ヘ	ン		
1	1	1	0	14	SO	IS2(RS)	.	>	N	^	n	‾			ョ	セ	ホ	゛		
1	1	1	1	15	SI	IS1(US)	/	?	O	-	o	DEL			ッ	ソ	マ	゜		

図 6.1　コード体系（JIS 8 単位符号表）

コンピュータ内部では、通常、1 文字を 8 ビットで表現します。したがって、2^8 = 256 種類の文字が表現できます。英字（26 種類）、数字（10 種類）、かな（48 種類）、主要な記号（約 30 種類）を集めても、100 種類程度なので、256 通りの表現ができれば十分であることが判ります。文字ごとにビット値の組合せを変えて表現します。図 6.1 は、JIS が規定している文字ごとのビット値を示しています。このように、1 文字ごとに、8 ビットの値の組合せが異なるものを採用し、固有の文字をコンピュータ内部で識別できるようにしています。どの文字をどんなビットの組合せにするかをきめたものを**コード体系**といいます。

8 ビット集めた単位を**バイト**と呼びます。コンピュータは、通常、1 バイトで 1 文字を表現します。

JIS（Japan Indutorial Standard：日本工業規格）

16 ビット使えば、2^{16} = 65536 通りの表現ができます。これだけあれば、どんな文字でも表現できるため、世界の文字を 16 ビット表現に統一してしまおうとする規格を **ISO（国際標準機構）**が **Unicode** として設定しています。

B 漢字の表現

漢字の種類は、第一水準で 2965、第二水準で 3390、併せると 6000 種類以上になります。したがって、漢字は 8 ビットで表現できません。

そこで、漢字は16ビット（2バイト）使って表現する方式をとっています。

6.3 計算対象になる数値の表現

コンピュータでは、同じ数値でも、計算対象でない数値データと計算対象になる数値データは異なった表現をします。計算対象にならない数値データは、先に述べたように、文字扱いでコード化されます。

> ●計算対象の数値は、10進数、2進数の両方の表現ができる。

ここでは、計算対象になる数値データの表現方法についてみてみます。数値データの表現には、10進数表現と2進数表現があります。

A 10進数表現

コンピュータ内部では、1桁の数値に4ビットを使用して、10進数を表現します。10進数の0～9までの10個の数字は、4ビット（2^4 = 16通り）あれば十分表現できるからです。1桁4ビットで表現する10進数を**パック10進数**と呼びます。パックとは、詰め込むという意味で、1バイト（8ビット）に2桁の10進数の数字を詰め込んだ形で表現しているので、そう名付けられています。

符合は最下位の数字の右側に4ビットを用いて表現します。たとえば、+987は図6.2のような表現になります。

1001	1000	0111	1100
9	8	7	C

↑
符合（正）

図6.2 ＋987のパック10進数

1バイトで2桁の数字を表現しているので、文字表現に比べて、同じ数値を記憶するためのメモリが少なくて済みます。

事務計算では、金額を扱うことがよくあります。金額の計算に誤りは絶対許されません。数値を2進数で計算すると、小数部のある実数計算などで誤差が発生する可能性が出てきます。誤差が出ては困るときは、符号付きの10進数データを、コンピュータ内部にそのままの形で表現し、計算できるようにしておきます。そうすれば、誤差を心配する必要がありません。

B 2進数表現

> ●数値を2進数で扱う場合は、整数は固定小数点、実数は浮動小数点で表現する。ともに計算可能である。

固定小数点数とは、整数を2進数で表現したものです。一定のビット数を用いて一つの数値を表現します。固定小数点数は、正数と負数ではその表現方法が異なります。

ⓑ-① 正数表現

固定少数点表現では、一つの数値を一定のビット数（16ビットとか32ビット）を用いて表現します。

たとえば、10進数の＋55は、16ビットを用いた固定少数点表現では、次のようになります。

　0000000000110111
　↑
　符合（正）

固定小数点表現でも、数値の符合を表現する必要があります。符合は最上位（左端）ビットで表現します。正は0、負は1で表現します。

固定小数点数は、一定のビット数で一つの数値を表現するので、表現できる数値の大きさは、ビット数によって限界があります。たとえば、16ビットで表現するときは、最上位の1ビットは符号で使用されるので、数値そのものは15ビットで表現することになります。その場合、$2^{15} = 32768$通りの表現ができます。したがって、数値として表現できるのは、0〜32767の範囲の数値になります。32767以上の数値を使用したいときは、一つの数値の表現に32ビット使用します。

ⓑ-② 負数表現（2の補数）

コンピュータでは、負の値を持つ数値は、正数の**2の補数**という考え方を用いて表現します。2の補数は次のような方法で求めます。

「与えられた数値のビットの値を反転（1を0、0を1にする）し、それに1を加える」

－55を2の補数で表現すると次のようになります（理解を容易にするため8ビット表現にしています）。

10進数を2進数に変換する方法は、第5章で述べています。55を2の倍数の和（32＋16＋4＋2＋1）に分解し、該当桁に1をたてることで、2進数に変換できます。

```
00110111   （＋55 の 2 進数）
11001000   （反転）
＋       1
―――――――――
11001001   （2 の補数）
```

> 右の例で、55 から 55 を引くと 0 になります。これを 55 ＋（－55）と考えると
> ```
>  00110111 （＋55）
> ＋11001001 （－55）
> ―――――――
> 100000000
> ```

負数を 2 の補数で表現する意義は、コンピュータで減算を行うときに、加算で行えてしまうという点にあります。それによって、コンピュータは減算を行う機能を持たないで済むことになり、回路設計が楽になります。

> 8 ビット表現の場合、答の 9 桁目（最上位）の 1 はオーバフローでコンピュータでは無視されます。したがって、答は 0 になり、減算を加算で行われたことがわかります。

コンピュータで処理する数値には、整数のほかに、小数点を持った実数もあります。実数は浮動小数点形式で表現します。浮動小数点形式については、少し複雑になるので本書では扱いません。

6.4　画像、音声の表現

A　アナログ・ディジタル変換

画像や音声は、もともとアナログデータです。**アナログデータ**とは、連続しているデータを指します。一方、コンピュータは、ディジタルデータを扱います。ディジタルデータは、連続的ではなく、離散的なデータです（図 6.3）。

> 画像は、絵が場所的に連続していますし、音声は音波として時間的に連続して伝わります。

> ディジタルデータは、基本単位がビットであり、0、1 のどちらかの値だけをとり、離散的です。

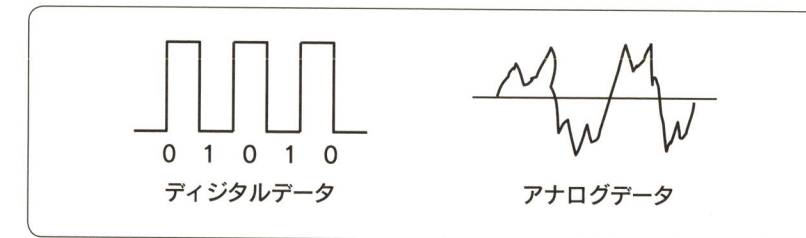

図 6.3　アナログとディジタル

そのため、アナログデータをコンピュータで処理するときは、ディジタルデータに変換する必要があります。

ⓐ-①　画像のディジタル化

画像のディジタル化は、画像を小さな点に分解することによって行

> たとえば、一つの画像を縦横それぞれ 1,024 の画素に分解した場合は、1,024 × 1,024 ＝ 1,048,576 個（100 万画素）になります。

います。この点（ドット）を**画素**といいます（図6.4）。画素数が多いほど、画面の**解像度**が高まり、画像が鮮明に表示できることになります。これは、ディジタルカメラで撮影した写真の場合も同じです。

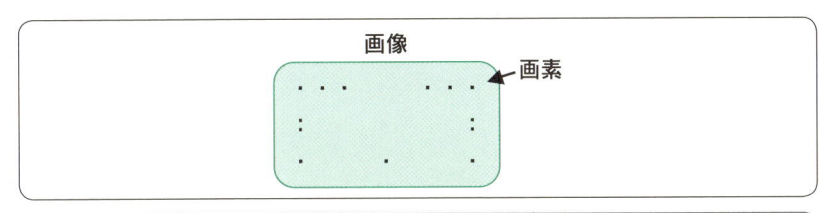

```
        画像
        ......← 画素
        ：  ：
        ......
```
図6.4　画素

コンピュータは画素単位にデータとして処理します。たとえば、1画素を8ビットのデータとして扱えば、$2^8 = 256$通りのデータが表現できます。画素を色情報として使用するときは、256通りの色が表現できます。色情報の画素を**ピクセル**と言います。画素数が多くなれば、その分大きな記憶容量が必要になります。

❶-②　音声のディジタル化

音声は、音波として空気中を伝わっていきます。コンピュータで音声を処理するときは、音波を電波に変えて処理します。いずれにせよ、音波も電波も時間的に連続したアナログデータであることに変わりはありません。

音声のアナログデータは、コンピュータ内では、ディジタルデータに変換する必要があります。変換は、**標本化（サンプリング）**、**量子化**、**符号化**の順で行います。標本化とは、アナログデータの波形の振幅を一定の時間間隔で計測することです。量子化は、計測した振幅の大きさを段階に区切って整数化することです。符号化は、整数化したものを2進数データにすることです。図6.5は、標本化、量子化、符号化を示しています。

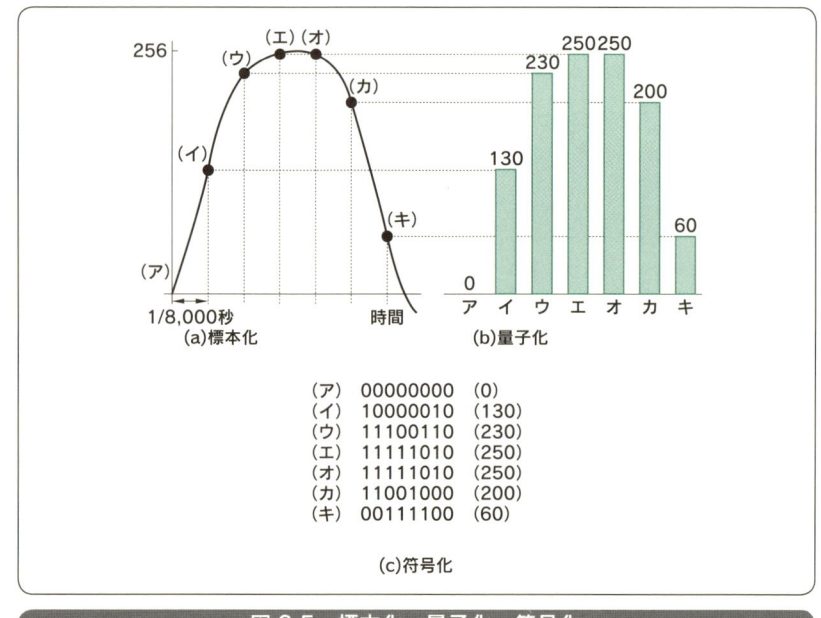

```
                    (エ)(オ)
         256 ─  (ウ)              250 250
                                230     200
              (イ)        (カ)
                              130
                                              60
              (ア)        (キ)
              ├1/8,000秒┤          0
                  時間          ア イ ウ エ オ カ キ
              (a)標本化            (b)量子化

              (ア)  00000000  (0)
              (イ)  10000010  (130)
              (ウ)  11100110  (230)
              (エ)  11111010  (250)
              (オ)  11111010  (250)
              (カ)  11001000  (200)
              (キ)  00111100  (60)

                   (c)符号化
```

図6.5 標本化、量子化、符号化

> データ圧縮の方法は、いろいろなものがあります。たとえば、隣接する10個の画素が「赤」であったとき、そのまま10個を「赤」、「赤」・・として保存すれば、10バイト必要です。しかし、「10」（繰り返し数を表す）、「赤」として保存すれば、2バイトで済み、圧縮率は80％になります。

B 情報の圧縮と伸張

画像や音声のディジタル化されたデータは、文字データに比べて、データ量が膨大になります。そのため、これらのデータを保存したり伝送したりするときは、データを**圧縮**するのが一般的です。プロセッサで処理するときは、圧縮したデータをもとに戻す必要があります。この処理を**伸張**と呼んでいます。圧縮も伸張もそのためのソフトを利用して行います。

6.5 ファイル形式

マルチメディアデータは、データ量が多くなるため、一般に圧縮してファイル形式で扱います。文書、静止画、動画、音声ごとに多くのファイル形式が採用されています。

A 文書

ワープロソフトで作成した文書をデータ圧縮し、ファイル形式にし

たものとして、PDFが広く普及しています。**PDF**は、Acrobatというソフトウェアで作成します。データ圧縮しているため、ファイルサイズが小さくなり、文書を伝送するときによく使われます。一度作成したPDFファイルは修正することができません。

> PDF（Portable Document Format）

B 静止画像

静止画像データを保存するファイル形式としては、画素の色情報を表現するビット数やデータ圧縮の方式によっていくつかの種類があります。**GIF**は、色情報を8ビット（256色）で表現し、データ圧縮を行ったファイル形式です。色の種類が他の方式に比べて少ないので、色の種類が少なくてもよいグラフィックなどで利用されます。可逆圧縮方式を採用しているので、画質が落ちることはありません。**JPEG**は、色情報を24ビット（1677万色）で表現し、写真など色の種類が多いものに用いられます。非可逆圧縮方式のため、画質が落ちるきらいがあります。その他、色情報に48ビット使用する**PNG**方式もあります。

> GIF（Graphic Interchange Format）
>
> JPEG（Joint Photographic Experts Group）
>
> PNG（Portable Network Graphics）
>
> 可逆圧縮方式は、データ圧縮後、必要に応じて伸張して、元のデータを完全に復元できます。非可逆方式は、元のデータに完全には復元できません。

C 動画像

動画を圧縮して保存するファイル形式として、国際標準になっている**MPEG**があります。MPEGは、動画に使用するメディアのデータ転送速度によって、いくつかのタイプに分かれています。データ転送速度が低い携帯電話にはMPEG-4、やや低めのCDやハードディスクにはMPEG-1が、早めのDVDやディジタル放送にはMPEG-2が利用されています。

> MPEG（Moving Picture Experts Group）

D 音楽／音声

音楽や音声データを圧縮して保存するファイル形式として、MP3やMIDIが利用されています。MP3は、主として、音楽データを圧縮して、インターネットや携帯音楽プレーヤなどに利用されています。また、MIDIは、楽譜データを保存し、通信カラオケなどに利用されています。

> MP-3（MPEG-1 Audio Layer-3）
>
> MIDI（Musical Instrument Digital Interface）

この章のまとめ

1. コンピュータはマルチメディアデータを扱える。マルチメディアデータは、文字、画像、音声などのデータの総称である。
2. マルチメディアデータには、アナログとディジタルがあるが、コンピュータ内では、すべてディジタルデータとして処理する。
3. コンピュータは、文字をビット値の組み合わせで表現する。文字ごとにビットの値の組み合わせを変えることで、特定の文字の識別を行う。
4. どの文字がどのようなビット構成になるかは、コード体系できまっている。ただ、コード体系はいくつかの種類がある。
5. 数値データは、文字（計算対象にしない）、計算できる数値のどちらでも表現できる。計算対象の数値で扱うときは、10進数、2進数の両方の表現ができる。
6. 2進数では、整数は固定小数点、実数は浮動小数点で表現する。
7. 固定小数点では、一つの数値（整数）を一定のビット数（16ビット、32ビットなど）を用いて表現する。左端のビットは符号（正:0、負:1）として使用し、負数は2の補数として表現する。
8. 画像や音声はアナログデータであり、コンピュータ内部ではディジタルデータに変換して処理する。
9. 画像は画素に分割することでディジタル化し、音声は標本化、量子化、符号化によってディジタル化する。
10. 画像や音声は、データ量が多くなるため、データ圧縮を行い、ファイル形式で保存する。ファイル形式には、使用目的によって、いろいろなものが用意されている。

　　　静止画　　：GIF、JPEG、PNG
　　　動画　　　：MPEG
　　　音楽／音声：MP3、MIDI

練習問題

問題1　コンピュータ内部での文字表現に関する次の記述で正しいものには○、正しくないものには×をつけなさい。

(1)　英字や漢字の1文字はすべて8ビットで表現できる。

(2)　1文字を8ビットで表現する場合は、最大256種類の文字を表現できる。

(3)　数字はすべて計算可能である。

(4)　世界の文字を16ビット表現で統一する規格をISO（国際標準化機構）がUnicodeとして設定している。

問題2　−50を固定小数点で2の補数として表現しなさい。ビット数は8ビットとします。

問題3　一つの画面を500万画素に分割し、1画素を24ビットの色情報で表現するとき、この画像データを保存する場合のメモリ容量は何バイトになりますか。データ圧縮はしないものとします。

問題4　次のファイル形式はどのようなデータの圧縮方式ですか。適切なものを線で結びなさい。

　　　　MP3　　　　静止画
　　　　JPEG　　　 動画
　　　　MPEG　　　音楽／音声

第7章

補助記憶装置には いろいろなものがある

教師：プロセッサがらみの勉強がしばらく続いたね。少し難しかったかな。

学生：いままであまり気にしていなかったけど、プロセッサがコンピュータで重要な役割を担っていることはわかりましたよ。しかし、だいぶ頭が混乱したな。

教師：それでは、今回は、直接お目にかかることが多い補助記憶装置について説明することにしよう。パソコンを使うときは、CDやDVDになにかとお世話になるよね。

学生：ああ、その話ですか。電気店に行っても、CDとかDVDにいろいろなタイプがあって、自分の目的にそったものがどれなのか迷うことがよくありますよ。

教師：今日の話が役立てばいいね。

学生：期待してます。

この章で学ぶこと

1. 補助記憶装置の役割と機能について知る。
2. 補助記憶装置の種類について理解する。特に、磁気ディスクと光ディスクの特徴を理解する。
3. ディスクのデータの記憶形式について理解し、記憶容量の計算ができるようになる。

第7章　補助記憶装置にはいろいろなものがある

7.1　補助記憶装置の役割と機能

- 補助記憶装置は、プログラムや大量のデータを保存しておくために使用する。
- 記憶容量は大きいことが望ましい。
- 保存したプログラムやデータを利用するときは、主記憶装置に移動して処理する。

　コンピュータでは、データの入出力のために、いろいろな入出力装置を使用します。また、入力から出力への変換のために、プロセッサを使用します。プロセッサは、主記憶装置にプログラムやデータを記憶させて処理します。入力データ以外のデータが必要になれば、あらかじめ**補助記憶装置**に保存しておいたデータを参照します。また後で再使用するデータは、補助記憶装置にファイルとして保存します。

　主記憶装置は、最近の電子技術の発達で、記憶容量は昔に比べて随分大きくなっています。それでも大きさには限界があり、実行中でないデータやプログラムをすべて収容することはできません。さしあたり実行中の処理と関係のないデータやプログラムは、補助記憶装置に保存しておき、必要なとき、主記憶装置に読み込んで利用します。このように、主記憶装置の容量不足を補い、大量のデータやプログラムを保存しておくのが補助記憶装置です。補助記憶装置は、データの記憶容量が大きいほど、たくさんのデータを保存しておけます。

　補助記憶装置には、いくつかのタイプがありますが、現在では、ディスクが広く使用されています。ディスクは、データの記憶技術の違いにより、磁気ディスクと光ディスクに分けられます。

7.2　磁気ディスク

A　磁気ディスクの動作原理

　ディスクの代表的なものとして**磁気ディスク**があります。磁気ディ

スクは、表面に磁性材料を塗った円盤（ディスク）を磁化することでデータを記憶します。データの読み書きは、回転軸を中心に高速回転する円盤に読み書きヘッドを水平移動させて行ないます。読み書きヘッドの駆動は、スイングアームなどによって行われます。

- 磁気ディスクは、表面に磁性材料を塗った円盤（ディスク）の表面を磁化することでデータを記憶する。
- データの読み書きは、読み書き用ヘッドで行う。
- 直接アクセス、順次アクセスの両方が可能である。

ヘッドは、ディスク面を1秒間に100回程度往復することができ、データを読み書きする場所に自由にセットできます。そのため、ディスクのどの場所からも即時に必要なデータを直接読み書きすることができます（図7.1）。このような読み書きの方法を**直接アクセス**といいます。そのため磁気ディスクは、**直接アクセス記憶装置**とも呼ばれます。

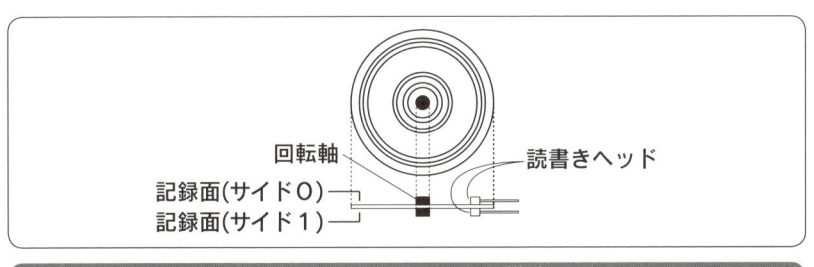

図 7.1 磁気ディスクの構造

磁気ディスクは、指定したデータを直接アクセスできると同時に、ヘッドをディスク面にそって順次移動させることによって、データの記憶順に読み取ることもできます。このように、データを順次に処理して行く方法を**順次アクセス**といいます。ディスクは、直接アクセスと順次アクセスの両方が可能です。パソコンでは、磁気ディスクとして、フロッピーディスク（FD）、ハードディスク（HDD）が使用されています。

FD（Floppy Disk）

HDD（Hard Disk Drive）

B 代表的な磁気ディスク

ⓑ-① フロッピーディスク（FD）

FD は、1枚の円盤で構成された磁気ディスクです。円盤の一面だけにデータを記録するタイプと両面に記録するタイプのものがあります。パソコンでは、大きさが 3.5 インチ、両面高密度（2HD）、データ記憶容量が 1.4M バイトのものが主流です。

アクセス速度（データの読み書き速度）は、ハードディスクなどと較べて遅いのが難点です。軽くて取り外し可能なので、持ち運びの必要なデータを保存するのに向いています（図 7.2）。

FD は、読み書きヘッドが円盤面に直接ふれるので、長い間にはトラブルの発生する可能性があります。安価なので、パソコンの個人用データを保存するのに適しています。初期のパソコンでは、多く使用されましたが、最近は CD や DVD が普及し、あまり使われなくなっています。

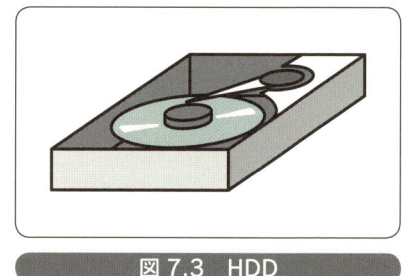

図 7.2 FD

図 7.3 HDD

ⓑ-② ハードディスク（HDD）

HDD は、従来、パソコンに内蔵され、取り外しはできませんでしたが、近年、外付けができるものも現れています。FD とは異なり、複数枚の円盤（プラッタ）で構成され、その分、FD に比べて、記憶容量はけた違いに大きくなります。ノートパソコンで 100G バイト～2000G バイトの記憶容量を持ったものが使用されるようになっています。OS やアプリケーションプログラム、データ量の多いファイルなどの保存に使用されます。

アクセス速度は、他の補助記憶装置より速く、高速です。読み書きヘッドは、ディスクの回転風圧によって、ディスク面に直接ふれるこ

2HD（Double sided High dencity Double track）

データの記憶容量が 1.4M バイトというのはどの程度の大きさなのか考えてみます。単純に考えれば、1枚のフロッピーディスクに、1文字／バイトとして英数字で 140 万文字、漢字で 70 万文字が記憶できることになります。文庫本は 1 ページ 800 文字程度ですので、ほぼ 900 ページ記憶できることになります。しかし、実際には、データの記憶形式などの制約からそれほどは記憶できません。

C 磁気ディスクのデータ記録方法と構成

C-① トラックとセクタ

ディスクにデータを記録するときは、読み書きヘッドで行ないます。ヘッドは、スイングアームによって、ディスク面を内外の方向に水平移動し、データ記録場所で停止します。ディスクは回転しているので、データが記録される部分は円形になります。この円形の部分を**トラック**と呼びます。トラックは、ヘッドがセットされたそれぞれの位置に固有のものができることになります。つまり、ディスク面に、同心円状に並んだトラックが何本も形成されます（図7.4）。トラックの本数は、ディスク装置の種類によって決定されます。データは、トラック上にビット直列の形式で記録されます。

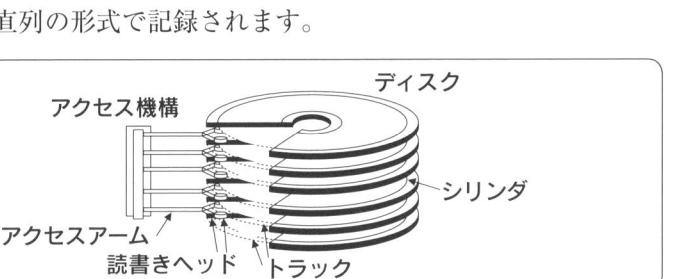

図7.4 トラックとシリンダ

FDでは、トラックをさらに等分化して**セクタ**という単位に分割し、データの読み書きは、データの長さに関係なく、セクタ単位で行っています。トラックあたりのセクタ数は、FDのタイプによって異なります。たとえば、8、16、26セクタのものなどがあります（図7.5）。

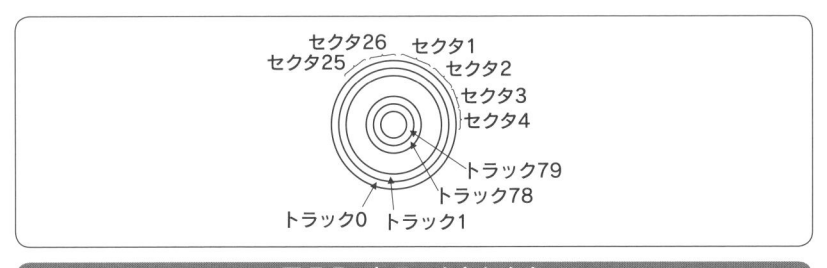

図7.5 トラックとセクタ

> トラックはディスク面に同心円状に形成されるため、外側と内側のトラックでは、円周の長さが異なってきます。しかし、通常は、記録密度を変えることによって、それぞれのトラックの記憶容量は同じになるようにしています。ただ、最近では、ディスクの記憶容量を増やすため、外側のトラックには、円周が長い分、データが多く記憶できるようにした方式のものもあります。

ⓒ-② シリンダ

　FDは1枚ですが、HDDは複数枚のディスク面を持ちます。複数のディスク面を持つ場合、読み書きヘッドは、それぞれのディスク面ごとに用意されます。これらのヘッドは、一時点では、同じ同心円のディスク面ごとのトラック上にそれぞれセットされます。この場合、ヘッドがセットされた複数トラックを全体でみれば、それは一つの円筒を形成しています。この円筒を**シリンダ**と呼びます（図7.4）。一つのシリンダには、ディスク面の数（ヘッドの数）だけのトラックが存在することになります。シリンダの数は、ヘッドがセットされる場所の数だけ存在します。実際には、装置のタイプによってシリンダ数は異なります。

Ⓓ 磁気ディスクの記憶容量

　いままでの説明から、磁気ディスク1台あたりの記憶容量を算出できます。磁気ディスクでは、1台あたりのシリンダ数、シリンダあたりのトラック数、トラックあたりのバイト数は、装置ごとにきまっています。したがって、装置ごとの記憶容量は、次の式で算出できます。

① FD
　記憶容量＝面数×面あたりのトラック数×トラックあたりのセクタ数×セクタあたりのバイト数

② HDD
　記憶容量＝シリンダ数×シリンダあたりのトラック数×トラックあたりのバイト数

例で考えてみます。磁気ディスクが下記のような仕様であるとします。

ディスク装置の仕様

シリンダ数	555／ディスク
トラック数	30／シリンダ
記憶容量	200,000バイト／トラック

　このディスクの記憶容量は、上記の計算式で算出することができま

す。

記憶容量 = 555 × 30 × 200,000 = 3.33G バイト

7.3 光ディスク

- 光ディスクは、円盤（ディスク）の表面にレーザ光をあて、データの読み書きを行う。
- 読み取り専用型と書き込み型（光磁気ディスク）がある。
- 磁気ディスクに比べ、記憶容量は大きいが、アクセス時間は遅い。

補助記憶装置には、磁気ディスクの他に、レーザ光でデータを書き込んだり、読み出したりできる**光ディスク**があります。レーザ光によるデータの読み書きを行うには、二つの方法があります。

A 読み取り専用型

一般の光ディスクは、ディスクの薄膜にレーザ光で微小な孔をあけ、データを記録します。データを読み取るときは、反射光によって読み取ります。この方式では、データを一度書き込むと、後は書き直しができず、**読み取り専用型**なります。データを書き込むタイミングによって、再生専用型と追記型に分けられます。

ⓐ - ① 再生専用型

再生専用型は、メーカが書込みを行い、利用者は読み取りしかできません。このタイプの光ディスクには、**CD-ROM**（図7.6）、**DVD-ROM**があります。メーカの作成したソフトウェア製品などを保存し、利用者に提供するときに使用されます。

CD-ROM（Compact Disk-ROM）

DVD-ROM（Digital Versatile Disk-ROM）

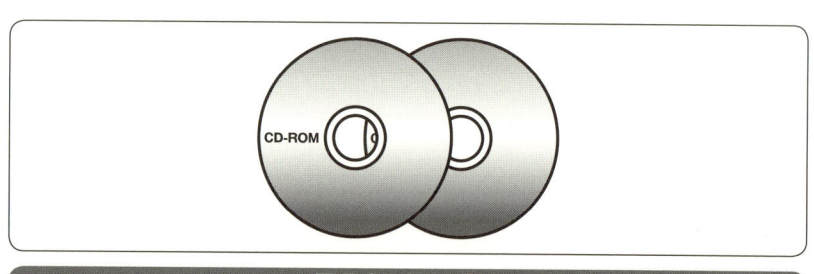

図7.6　CD-ROM

ⓐ-② 追記型

追記型は、利用者が一度だけデータの書込みを行うことができます。しかし、それを消去して、あらたなデータを書き込むことはできません。このタイプとしては、**CD-R**、**DVD-R** があります。

最近では、この方式の光ディスクで、何度でも書き換えが可能なものが使用できるようになってきました。このタイプには、**CD-RW**、**DVD-RAM** があります。

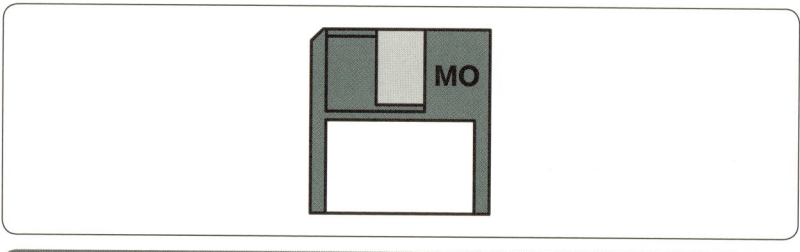

Ⓑ 書き換え型

図7.7　MO

レーザ光によってデータの読み書きするもう一つの方法は、レーザ光によってディスクの表面を磁化しデータを記憶するものです。読み取りは、磁化によって反射光が変わることを利用して行います。磁化方式なので、磁気ディスクと同様に、何度でも書き換えができ、**書き換え型**と呼ばれています。この方式の光ディスクを**光磁気ディスク**（**MO**）（図7.7）と呼んでいます。

光ディスクは、磁気ディスクと同様に、円盤を回転軸中心に回転させ、読み書きヘッドでデータの読み書きを行ないます。したがって、

CD-R（CD-Recordable）

DVD-R（DVD-Recordable）

CD-RW（CD-ReWritable）

DVD-RAM（DVD-Random Access Memory）

MO（Magnetic Optical Disk）

直接アクセスと順次アクセスの両方が可能です。光ディスクは、一般に、磁気ディスクより記憶容量が大きく、ビット単価が安く、経済的です。また、寿命も長いのですが、アクセス時間が、磁気ディスクより遅いのが難点です。光ディスクの特徴をまとめたものを表 7.1 に示します。

最近では、新世代光ディスクとしてブルーレイディスクの商品化が進んでいます。青紫色の半導体レーザを用いて、従来の DVD の 5 倍以上の記憶容量（25G バイト～100G バイト）を実現しています。

表 7.1　光ディスクの特徴

タイプ		装置	特徴
読取専用	再生専用	CD-ROM	640M バイト、ソフトウェア製品の格納
		DVD-ROM	最大 17G バイト、
	追記	CD-R	640M バイト、書き込みは専用装置
		DVD-R	7.8G バイト、利用者による書き込み
書込		CD-RW	640M バイト、書き込みは専用装置
		DVD-RAM	5.2G バイト、大容量光ディスク
		MO	2.3G バイト、光磁気ディスク

7.4　SSD

SSD は、フラッシュメモリなど半導体記憶素子を使用した補助記憶装置です。最近では、HDD の代替として使用されることが多くなっています。

SSD は、HDD のようにディスクにデータを記憶して読み書きするのではなく、半導体記憶素子にデータを記憶して読み書きします。そのため、ディスクのように読み書きヘッドを移動させる時間や回転待ち時間を必要とせず、高速の読み書きができます。

ただ、磁気ディスクに比べて記憶単価が高いため、記憶容量は小さくなります。そのため、頻繁に使用されるプログラムやデータを SSD に保存しておき、その他は HDD に保存するといった使い方がされています。記憶素子の書き換え回数に上限があり、長期間使用すると記憶データの保持ができなくなる可能性があります。

SSD（Solid State Drive）

7.5 磁気テープ

磁気テープは、昔からよく使用されている補助記憶装置です。安価で、記憶容量も大きいので、ファイルの保存用などによく使用されます。オープンリール型やカートリッジ型があり、初期のころはオープンリール型がよく使用されましたが、最近はカートリッジ型の使用が多くなっています。

ディスクは、指定したデータを記憶場所から直接アクセスでき、アクセス時間は短くてすみますが、磁気テープは、データを最初から順番にアクセスするしかないため、アクセスに時間がかかります。順次処理には適していますが、直接処理には適していません。

この章のまとめ

1 補助記憶装置は、プログラムや大量のデータを保存しておくために使用し、それらのプログラムやデータを利用するときは、主記憶装置に移動して処理する。記憶容量は大きいことが望ましい。

2 補助記憶装置でよく使用されるのはディスクであり、データの読み書きは、読み書き用ヘッドで行う。直接アクセス、順次アクセスの両方が可能である。

3 ディスクは、大別して、磁気ディスクと光ディスクがある。

4 磁気ディスクは、表面に磁性材料を塗った円盤(ディスク)の表面を磁化することでデータを記憶する。パソコンでは、FD、HDDが使用されている。

5 光ディスクは、円盤(ディスク)の表面にレーザ光をあて、データの読み書きを行う。読み取り専用型と書き込み型(光磁気ディスク)がある。パソコンでは、CD、DVDが使用されている。

6 ディスクの記憶容量は次式で計算できる。
記憶容量＝シリンダ数×シリンダあたりのトラック数×トラックあたりのセクタ数×セクタ当たりのバイト数

練習問題

問題1 補助記憶装置に関する次の記述の（ ）内に適切な用語を入れなさい。

(1) 磁性体を磁化させることでデータを記憶するタイプとして（ a ）と（ b ）がある。パソコンでは、（ a ）が使用され、代表的なものとして、小容量で持ち運び可能な（ c ）やプログラムやデータを保存しておく（ d ）がある。

(2) 光媒体を利用してデータを記憶させるものとして（ e ）がある。（ e ）には、読み取り専用型と読み書き自由な書き込み型があり、DVD-Rは（ f ）型、DVD-RAMは（ g ）型である。

問題2 補助記憶装置の特徴に関する次の記述で適切なものには○、不適切なものには×をつけなさい。

(1) 磁気ディスクは、データの書き込みや読み取りが自由にでき、直接アクセス、順次アクセスの両方ができる。

(2) 光ディスクは、記憶容量が大きく、アクセス時間も磁気ディスクより速いが、データの読み取りしかできない。

(3) 光ディスクは、記憶容量が大きく、補助記憶装置として適しているが、ビット単価が高いのが難点である。

(4) 磁気テープは、記憶容量が大きく、直接処理にも、順次処理にも適している。

問題3 次の仕様を持つフロッピーディスクの記憶容量を計算しなさい。

面数	トラック数／面	セクタ数／トラック	バイト数／セクタ
2	80	26	1024

第8章

入出力インタフェースを理解しておこう

教師：パソコンのハードウェアは、プロセッサを中心に、いろいろな入出力装置や周辺装置で構成されているね。

学生：キーボード、ディスプレイ、プリンタ…

教師：そうそう。それ以外にマウス、HDD、DVDなどもある。

学生：デジカメだって接続できますよ。

教師：プロセッサでデータを処理するときは、これらの装置との間でデータのやりとりをする必要がある。それを支障なく行えるようにするために、入出力インタフェースが設定されるのだよ。

学生：入出力インタフェースって何ですか？？

教師：じゃ、今回は入出力インタフェースについて説明することにしよう。

この章で学ぶこと

1 入出力インタフェースの必要性について理解する。
2 入出力インタフェースの仕組みについて理解する。
3 入出力インタフェースおけるデータ転送方式について理解する。
4 入出力インタフェースの規格について整理し、理解する。

8.1 入出力インタフェースとは

- **入出力インタフェースとは、プロセッサと周辺機器との間でデータ転送を行うときの、仕組みおよび仕様を指す。**

　コンピュータは、通常、プロセッサの制御のもとに、入出力装置、補助記憶装置、外部接続機器など**周辺装置**と主メモリとの間でデータのやり取りを行います。その場合、主メモリと周辺装置とのデータの移動に際しては、主メモリ側と周辺装置側のデータの転送に関する仕様が一致していなければなりません。そのため、データの転送に関する仕組みとそれに対する規約が定められています。これを**入出力インタフェース**と呼んでいます（図8.1）。

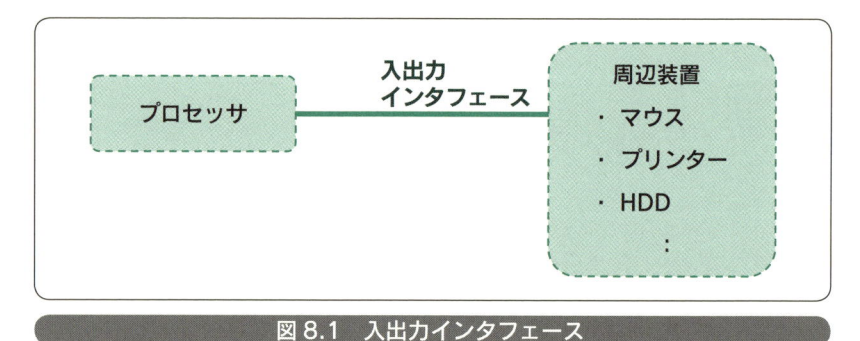

> たとえば、USBフラッシュメモリがデータを1ビットずつ受取るようになっているのに、主メモリ側が一度に8ビット単位で送ろうとしても上手く行きません。この場合は、データの転送単位を1ビットに一致させておく必要があります。

図8.1　入出力インタフェース

8.2 インタフェースの種類

　インタフェースを介してデータ伝送を行う場合、データの伝送単位によって、シリアルインタフェースとパラレルインタフェースの二つの方式があります。

A シリアルインタフェース

- **シリアルインタフェースは、データを1ビットずつ伝送する方式である。**

8.2 インタフェースの種類

ⓐ-① シリアルインタフェースのデータ伝送の仕組み

シリアルインタフェースでは、データを伝送する信号線が1本で構成され、伝送するデータがたくさんあっても、一度に1ビットしか送れません。図8.2は、そのようすを示しています。

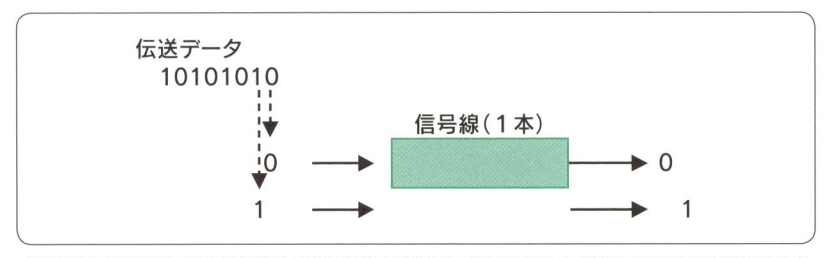

図8.2 シリアルインタフェース

いま、伝送するデータが8ビットあるとした場合、先頭の一つのビットが最初に送られ、次に2番目のビットが送られるといった具合に一度に1ビットずつ送られていきます。

シリアルインタフェースでは、一度に1ビットしか送れないため、一般的に、データの伝送速度は遅くなりますが、構成が簡単なため、安いコストで作成できるという利点があります。

ⓐ-② シリアルインタフェースの規格

> ● シリアルインタフェースの代表的な規格として、USB、IEEE1394、RS-232Cなどがある。

パソコンと周辺装置を接続する場合のシリアルインタフェースとして、いくつかの国際的な規格が設定されています。規格を設定することにより、機器メーカがその規格にそった仕様で機器を作成すれば、機器の汎用性が高まることになります。代表的な規格として、USB、IEEE1394、RS-232Cなどがあります。

ⓐ-②-① USB

USBは、代表的なシリアルインタフェースで、パソコンにマウス、プリンタ、USBメモリなどを接続する時に使用されています。いろいろな周辺装置の接続に対応できるため、広く使用され、パソコンに既設された接続口で足りなくなることがよくあります。その場合は、

USB（Universal Serial Bus）

集線装置（ハブ） を用いることで、最大127台までの周辺装置を接続できます。1本の接続ケーブルを一つのハブで6台までの機器（他のハブも含む）に分岐でき、ハブをツリー状に接続することで、接続台数を増やしていけます（図8.3）。

```
┌─────────────────────────────────────────────────────┐
│  パソコン ─USB─ ハブ ─── ハブ ──── デジカメ          │
│              │          │                            │
│          マウス プリンタ  USBメモリ                   │
└─────────────────────────────────────────────────────┘
```

図8.3　ハブによるツリー接続（最大127台）

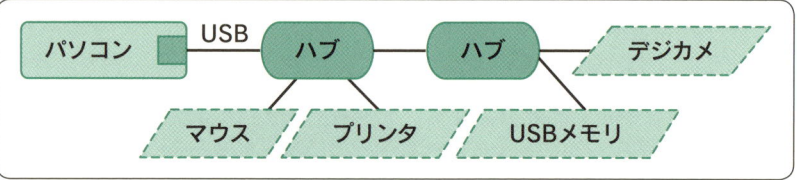

また、USBは、電源を入れた状態でも、接続したり外したりできる（これを**ホットプラグ**という）ため、機器の装着が容易であるという利点があります。さらに、接続機器への給電能力も有しており、デジカメや携帯音楽機器などへの充電にも利用することができます。

USBには、何種類かの規格があり、それぞれの規格によってデータの伝送速度が異なります。現在、USB1.1、USB2.0が広く普及していますが、伝送速度は、USB1.1で12Mbps、USB2.0で480Mbpsです。最近では、USB3.0が発表され、伝送速度は5GbpsでUSB2.0の10倍程度速くなっています。

USBは、シリアルインタフェースのため、従来、データ伝送速度が遅く、接続する機器も限られていましたが、最近では、高速のデータの伝送速度にも対応できるようになり、その利用範囲が広まっています。

ⓐ-②-②　IEEE1394

IEEE1394 は、シリアルインタフェースの一つです。データ伝送速度は、当初は100〜400Mbpsが中心でしたが、最近では800Mbps〜3.2Gbpsに拡張されています。プロセッサとHDD、DVDなどの接続に使用されています。

USBと同様、ホットプラグ機能や電源供給機能を有しています。周辺機器の接続台数は最大63台でUSBの半分です。しかし、接続方法は、USBがプロセッサを介してツリー上に接続するのに対し、

IEEE (Institute of Electrical and Electrinics Engineers)：電気電子学会の名称。アイトリプルイーと発音。

IEEE1394 は、プロセッサを介さず、周辺機器間を直接接続できる**ディジーチェーン（芋ずる）方式**が可能です。図 8.4 は、そのようすを示しています。ディジーチェーン方式で接続する場合、周辺機器は順不同で接続でき、順番を意識する必要はありません。

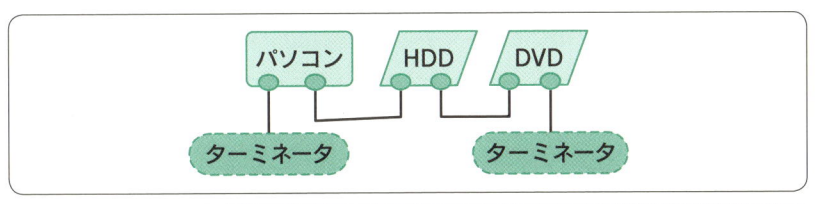

図 8.4　ディジーチェーン接続

> チェーンの両端には、ターミネータと呼ばれる終端抵抗が必要になります。ターミネータは、電気的な特性（インピーダンス）を整合するために設置されます。

図 8.4 に示すように、多くの IEEE1394 対応機器は、ケーブルを接続するための端子を二つ備えています。一つは前の機器からのデータ受信用、他の一つは後の機器へのデータ送信用に使用されます。

ⓐ - ② - ③　RS-232C

RS-232C も、シリアルインタフェースの一つです。パソコンとモデムやプリンタを接続してデータ伝送を行う時に、この規格の端子が使用されます。端子のピンの数（25 ピン）や各ピンの役割も決まっています。ノイズに強く、接続ケーブルも長いものが使用でき、10m 程度は正常にデータ伝送が可能です。コストも安いので、従来は各種機器の接続に使用されましたが、伝送速度が遅く、最近では、USB や IEEE1394 に置き換えられています。RS-232C から USB に変換するためのコンバータなども市販されています。

Ⓑ　パラレルインタフェース

> ●パラレルインタフェースは、データの複数ビットを一度に伝送する方式である。

ⓑ-① パラレルインタフェースのデータ伝送の仕組み

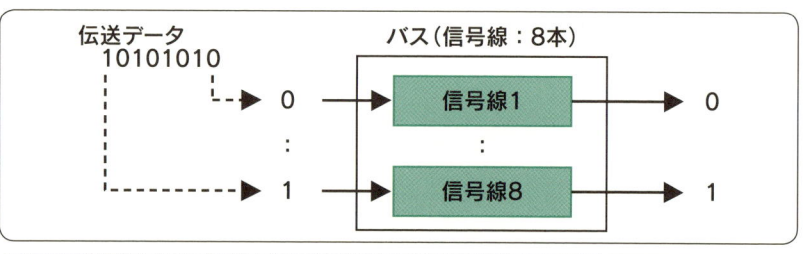

図8.5 パラレルインタフェース

シリアルインタフェースが、一度に1ビットずつ伝送するのに対し、**パラレルインタフェース**は、データの複数ビットを一度に伝送する方式です。データを伝送する信号線は複数本で構成され、信号線の数だけの複数ビットを同時に送ることができます。図8.5は、そのようすを示しています。

いま、信号線が8本で構成されているとした場合、8ビットが同時に送られます。複数の信号線をまとめて、**バス**と呼んでいます。バスの信号線の数は、通常、8、16、32があり、信号線の数だけのビットを同時に転送することができます。

パラレルインタフェースは、一度に複数ビットを同時に送れるため、一般に、データの伝送速度は速くなります。しかし、コストは高くなり、端子の大きさも大きくなる傾向があります。

ⓑ-② パラレルインタフェースの規格

パソコンと周辺装置を接続する場合のパラレルインタフェースとして、いくつかの国際的な規格が設定されています。代表的なものとしてSCSIがあります。

SCSIは、パソコンなどの小型コンピュータに関するインタフェース規格です。SCSIは、データを8ビット同時に送れるパラレルインタフェースで、HDD、CD-ROM、DVDなどを7台まで、ディジーチェーン方式で接続できます。接続ケーブルの長さは、1.5mから25mまで可能です。伝送速度は、5MByte/s 〜 640MByte/s です。

最近では、主としてコンピュータ内蔵のHDDとプロセッサ間のデータ伝送に使用され、外付けの周辺機器に対しては、高速のUSB

SCSI（Small Computer System Interface）
一般的にスカジーと呼んでいます。

データの伝送速度は、8ビット（1バイト）単位で送るため、Byte/s（1秒間で送れるバイト数）で表現します。bps（1秒間で送れるビット数）で表現すれば、8倍になります。

8.2 インタフェースの種類

C 無線接続の規格

> ● 入出力インタフェースには、プロセッサと周辺機器間の接続を
> ケーブルを使用しないで、赤外線や電波で行う方法がある。

　入出力インタフェースは、シリアルにせよパラレルにせよ、パソコンと周辺機器間は、通常、その規格にそったケーブルで接続することを想定しています。しかし、ケーブルを使わないで接続する方法もあります。それは、赤外線や電波による接続です。

C-① 赤外線による接続の規格

　赤外線を用いてパソコンと周辺機器を接続する方法があります。たとえば、パソコンとマウスを赤外線通信で接続できます。また、デジカメで撮影した写真を赤外線でパソコンに送ることも可能です。その場合、パソコン側にはUSB端末に赤外線通信用のアダプタを付け、マウスやデジカメとパソコン間は無線になります。ただ、通信距離は30cm～1mと短く、装置間になんらかの遮蔽物があると通信できません。

　赤外線通信を行う場合の規格としては、**IrDA**があります。IrDAには、いくつかの種類があり、種類によってデータ伝送速度は115Kbps～16Mbpsになります。マウスは低速で十分ですが、デジカメは画像のデータ量が多くなるため、高速のものを使用する必要があります。

　赤外線通信は、気軽に使用でき、用途も広がることが予想され、データ伝送速度もより高速（たとえば、100Mbps）なものが期待されています。

IrDA (Infrared Data Association)

C-② 無線による接続の規格

　電波を用いてパソコンと周辺機器、複数のパソコンを**無線**で接続することができます。この方式を用いれば、機器間の接続ケーブルは不要になり、無線でデータ伝送が可能になります。規格としては、パソコンと周辺機器を無線で接続するときのBluetooth、複数のパソコン

を無線LAN（LANについては第12章参照）で使用するときのIEEE802.11が広く使用されています。

❸-②-① Bluetooth（IEEE802.15.1）

Bluetoothは、パソコンのプロセッサとマウスやキーボード間を電波で接続するときの近距離無線規格の一つです。電波の届く範囲は10〜100m程度、データの伝送速度は60Kbps〜2Mbpsで、伝送量が比較的少ない場合、データのやりとりを簡単に行うことができ、安価で実現できます。

❸-②-② IEEE802.11

IEEE802.11は、限られた区域内にある複数のパソコンを電波による無線で接続し、ネットワークシステムとして使用する際の規格です。一般に、限られた区域内にある複数のパソコンを対象にしたネットワークを**LAN**と呼んでいます。ネットワーク内のパソコン間を、ケーブルで接続するのではなく、無線でデータ伝送する場合を、特に**無線LAN**と呼んでいます。その意味では、IEEE802.11は、無線LANの規格の一つとして、とらえることができます。IEEE802.11には、いくつかのバージョンがありますが、バージョンによって、データ伝送速度は、2Mbps〜300Mbpsになります。

表8.1は、入出力インタフェースのまとめです。

LAN（Local Area Network）

表8.1 入出力インタフェース

種類	規格	おもな用途	伝送速度	備考
シリアル	USB	プリンタ、USBメモリ	12Mbps〜5Gbps	最大127台、ツリー接続、ホットプラグ
	IEEE1394	HDD、DVD	100Mbps〜3.2Gbps	最大63台、ディジーチェーン接続
	RS-232C	モデム、プリンタ	低速、〜3Mbps	ケーブル長10m USBへ置き換え
パラレル	SCSI	HDD、DVD	40Mbps〜5.12Gbps	最大7台、ディジーチェーン接続
	IDE/E-IDE	HDD	高速	
	IEEE1284	プリンタ	0.4 MByte/s〜2.5MByte/s	USBへ置き換え
無線	IrDA	マウス、デジカメ	115Kbps〜16Mbps	赤外線接続、通信距離は30cm〜1m
	Bluetooth	マウス、キーボード	60Kbps〜2Mbps	電波（10〜100m）
	IEEE802.11	無線LAN	2Mbps〜300Mbps	

この章のまとめ

1. 入出力インタフェースとは、プロセッサと周辺機器との間でデータ転送を行うときの、仕組みおよび仕様を指す。

2. インタフェースには、データの伝送単位によって、シリアルインタフェースとパラレルインタフェースの二つの方式がある。

3. シリアルインタフェースは、データを1ビットずつ伝送する方式であり、パラレルインタフェースは、データの複数ビットを一度に伝送する方式である。

4. シリアルインタフェースの代表的な規格として、USB、IEEE1394などがある。

5. パラレルインタフェースの代表的な規格として、SCSIがある。

6. 入出力インタフェースには、プロセッサと周辺機器間の接続をケーブルを使用しないで、赤外線や電波で行う方法がある。関連規格として、IrDA、Bluetooth、IEEE802.11などがある。

練 習 問 題

問題1　入出力インタフェースに関する下記の文の空欄に適切な用語を記入しなさい。
(1) 入出力インタフェースは、データの転送単位により、1ビットずつ転送する（　a　）と複数のビットをまとめて転送する（　b　）がある。
(2) パソコンで広く使用されているUSBは、（　c　）インタフェースの一つであり、（　d　）を用いて最大（　e　）台の周辺装置を接続できる。
(3) SCSIは、（　f　）インタフェースの規格の一つであり、（　g　）方式で、最大（　h　）台までの周辺機器を接続できる。
(4) 赤外線方式でパソコンにマウスなどを接続するときの規格として（　i　）がある。

問題2　入出力インタフェースに関する下記の文で適切なものには○、適切でないものには×をつけなさい。
(1) 入出力インタフェースは、パソコンと周辺機器を接続するときの仕組みとその仕様であり、固有の周辺機器（たとえばHDD）に対して一つのインタフェース規格が対応し、選択できない。
(2) シリアルインタフェースは、一般に、データ伝送速度が遅いとされてきたが、最近では、高速のものも開発されている。
(3) 周辺機器をディジーチェーン方式で接続する場合は、機器の接続順序がきまっているので注意が必要である。
(4) パソコンと周辺機器を接続する場合は、必ず接続ケーブルを用いなければならない。

第9章

オペレーティングシステムでコンピュータ操作が楽になる

教師：いままではコンピュータのハードウェア中心に勉強してきたね。少し難しい部分もあったかと思うけど。

学生：パソコンの見方がいままでと違ってきました。

教師：それはよかった。でも最初に説明したけど、コンピュータはハードウェアとソフトウェアがそろってはじめて仕事ができるんだ。

学生：パソコンを使用するときのWindowsはソフトウェアでしたよね。

教師：その通り。パソコンでもしWindowsが使えなかったら、どうなるか考えたことある？

学生：うーん！

教師：Windowsのようにコンピュータを使いやすくするソフトウェアをオペレーティングシステムと言うんだ。まずそこから説明することにしよう。

この章で学ぶこと

1. オペレーティングシステムとは何かを知り、その目的を理解する。
2. コンピュータシステムの生産性について理解する。
3. オペレーティングシステムのジョブ管理、タスク管理、データ管理機能を理解する。

9.1 オペレーティングシステムとは

A オペレーティングシステムの目的

> ●オペレーティングシステムは、コンピュータシステム全体を効率よく稼動させ、システムの生産性向上を目的として作られた基本ソフトウェアである。

オペレーティングシステム（OS） は、コンピュータシステム全体を効率よく稼動させ、システムの生産性向上を目的として作られた**基本ソフトウェア**です。第1章で述べたように、コンピュータには、いろいろなタイプのソフトウェアが用意されています。その中で、OSは最も基本になるソフトウェアで、コンピュータシステム全体の動作を効率よく制御します。

OS（Operating System）

パソコンを使用している人は、Windowsでお馴染みのはずです。

B コンピュータシステムの生産性

コンピュータシステムの**生産性**とは、システムの処理能力、応答時間、使用可能度、信頼性などの指標で示されます。

❻-① 処理能力

処理能力とは、一定の時間内にシステムが処理する仕事量のことです。コンピュータの処理能力を**スループット**と言うこともあります。

❻-② 応答時間

応答時間とは、コンピュータに、ある要求を出してからその答が戻ってくるまでの時間を指します。たとえば、銀行のATMで、払戻しの要求を入力してからお金とカードが戻ってくるまでの時間です。**レスポンスタイム**と呼ぶこともあります。

銀行のATMによる処理は、一つひとつの要求を即時に処理する必要があります。このような処理は**リアルタイム処理**と呼ばれます。レスポンスタイムという用語は、リアルタイム処理の時によく使われます。

応答時間を表す用語として、**ターンアラウンドタイム**という用語も

使われることがあります。この用語は、**バッチ（一括）処理**の場合によく使われます。販売業務で1日の業務終了後その日の売上データの集計を行うなどがバッチ処理の例です。

　ターンアラウンドタイムは、バッチ処理を開始してからその処理がすべて終了するまでの時間を指します。

❺ - ③　使用可能度（可用性）

　使用可能度とは、仕事をするためにシステムが必要になったとき、システムがすぐに使用できるか否かを示す度合いを表します。プロセッサや入出力装置などのコンピュータ資源は、処理能力の違いなどで、他の資源が稼動中に何もしないで遊んでいる資源が発生することがよくあります。コンピュータで処理しなければならない仕事が集中しているときは、遊休資源を他の仕事で活用することにより、コンピュータシステムの使用可能度を高めることができます。OSは、コンピュータシステムの各資源の稼動状況を監視し、遊休資源があれば、それを他の仕事に割り振ることによって使用可能度を高めるよう管理します。**可用性**と呼ぶ場合もあります。

> たとえば、ある仕事で出力を印刷しているときは、プリンターは稼働中でも、プロセッサは何もしていない時間が出てきます。このようなプロセッサの遊休時間を、他の仕事に活用すれば、コンピュータシステム全体の使用可能度を高くすることができます。

❺ - ④　信頼性

　信頼性とは、システムがどの程度正しく作動するかの度合いです。コンピュータシステムは機械の集まりなので、何かの事情でエラーが発生し、正しく作動しないことがあります。それをそのままにしておくとシステムの信頼性は低下します。またエラーによるシステム停止で、使用可能度も低下します。エラーが発生したとき、その原因を調べ、自動的にエラーの回復を試みたり、使用者に迅速に状況を連絡したりする機能をシステムに持たせれば、信頼性は向上し、使用可能度も向上します。OSは、このような管理も行います。

9.2　OSの機能

　コンピュータシステム全体の生産性を向上させるために、OSはタスク管理、メモリ管理、データ管理、ユーザ管理などの機能を行います。

A タスク管理

使用者が、コンピュータに行わせようとする仕事の単位を**ジョブ**といいます。それに対し、コンピュータが仕事をする単位を**タスク**といいます。一つのジョブは、通常、いくつかのタスクに分割され実行されます。

プロセッサや入出力装置などの各種資源の遊休時間を活用すれば、複数タスクを同時に並行して処理することができるようになります。それによって、コンピュータシステムの生産性を高めることができます。**タスク管理**は、それを行うためのOS機能の一つです。

> 図9.1で、三つのタスクを直列的に連続処理するときは、タスク2、3は、前のタスクの処理が終らない限り、処理できません。多重処理のときは、タスク1、2、3は、同時に並行して処理することができ、三つのタスクの全体の終了時間は早くなり、応答時間が短縮されます。

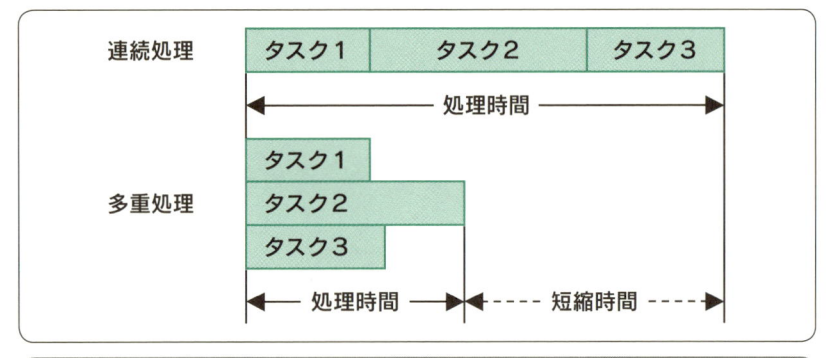

図9.1 タスク管理による多重処理

連続処理：タスク1 → タスク2 → タスク3（処理時間）

多重処理：タスク1、タスク2、タスク3（処理時間＋短縮時間）

複数タスクを同時に並行して処理することを**多重処理**（マルチプロセッシング）といいます。多重処理によって応答時間が短縮されます。

B メモリ管理

メモリ管理は、メモリ領域の有効活用を可能にします。第4章で述べたように、主メモリは大きさに制限があります。そのため、多重処理や画像などの大量データを処理するときは、容量が不足することがあります。その場合、**仮想メモリ**機能を用いて、主メモリの見かけ上の容量を大きくして、容量不足を補います。仮想メモリ機能は、実際には補助記憶装置にあるデータやプログラムを、あたかも主メモリ上にあるかのように扱います。

C データ管理

データ管理は、データを**ファイル**単位で管理できるようにします。この機能によって、使用者はハードウェアの違いを気にせずに、データをファイルとして統一して管理できるようになります。

パソコンでは、データ管理機能として、データとともに、プログラムもファイルとして扱い、ファイルの統一的管理を行っています。これを**ファイルシステム**と呼んでいます。パソコンを使用するときは、このファイルシステムを用いてファイルの保存や読み取り（開く）を行うことができます。

C-① ファイルシステムとは

パソコン上では、データもプログラムもただの文字の集まりとして扱われ、すべて**ファイル**として処理されます。そのため、数多くのファイルが存在することになります。これらのファイルを扱うときは、他のファイルと区別するために、固有のファイル名を付けたり、どの補助記憶装置に保存したかなどを体系的に管理していく必要があります。そのために用意されたものがファイルシステムです。ファイルシステムは、数多くあるファイルを分類、整理して、必要なときに、必要なファイルを処理できるように管理します。

> OSがあらかじめ用意したプログラム、利用者がさまざまな仕事で作成したプログラムやデータは、すべてパソコン上では、ファイルとして扱われます。

C-② ファイルシステムの構造

> ● ファイルシステムはディレクトリとファイルで構成される。
> ● ディレクトリは階層的に構成できる。
> ● ファイルはディレクトリ内に含める。

ファイルシステムの基本構成要素は、ディレクトリとファイルです。**ディレクトリ**は多数のファイル情報を管理する一種の登録簿です。システム内に多くのディレクトリを持つことができ、一つのディレクトリ中に別のディレクトリを持つこともできます。つまり、ディレクトリを階層的に持つことができます。そして、一つのディレクトリ内に多数のファイルを登録することができます。

図9.2では、「ルートディレクトリ」は「授業ノート」、「成績表」、「日記」の三つの下位ディレクトリを持っています。「授業ノート」は、「コンピュータの基礎」、「コンピュータリテラシ」、「通信ネットワーク」の三つの下位ディレクトリを持っています。さらに、それぞれの下位ディレクトリには、各週ごとのノートがファイルとして登録されています。

ディレクトリ「授業ノート」は、授業のノートをまとめて管理するためのものです。その中に、科目ごとの授業ノートを管理するディレクトリを作成しておけば、授業ノートを科目ごとに管理できることになります。

図9.2　ファイルシステム

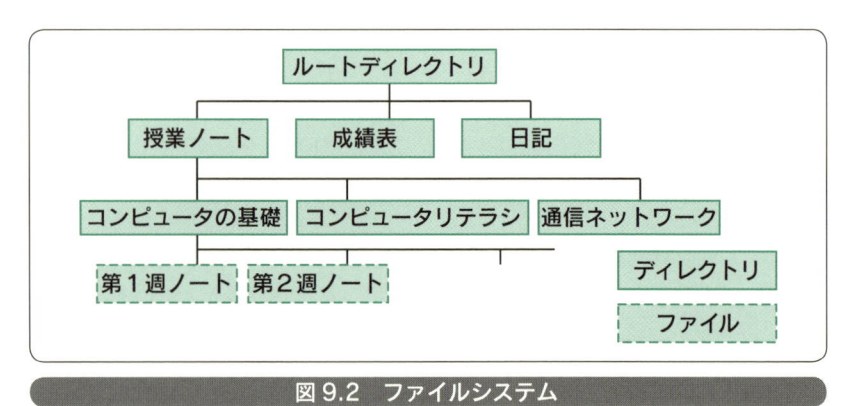

　図9.2はファイルシステムの例を示しています。ディレクトリは階層的に構成され、最上位は、ディレクトリが一つだけです（**ルートディレクトリ**）。ルートディレクトリは、別のディレクトリを複数個持つことができます。これらのディレクトリは、ルートディレクトリの下位ディレクトリとして位置づけられます。さらに、下位ディレクトリは、ルートディレクトリと同様に、それぞれ複数のディレクトリを自分の下位ディレクトリとして、持つことができます。各ディレクトリは、自分の下位ディレクトリと同時に、複数のファイルを持つことができます。

　ディレクトリは、この例のように、目的ごとに作成できます。そして、その目的にそった複数のファイルをまとめて管理することができます。

❸-③　ファイルの操作

　ファイルシステムを利用して、使用者は簡単にファイルの保存や使用ができるようになります。

　たとえば、作成したレポートを、ファイルシステムに登録するときは、メニューバーのファイルを選択し、「名前を付けて保存」で保存先の補助記憶装置ドライブ、ディレクトリ、ファイル名を指定すれば、ファイルシステムの該当の場所にOSが保存してくれます。保存したファイルを使用したいときは、「開く」で保存先のドライブ、ディレクトリ、ファイル名を選択すれば、そのファイルをドライブから取り出し、プロセッサの主記憶装置にロードし、稼動状態にしてくれます。

◯-④　パス

> - ファイルシステム内のディレクトリやファイルの場所の指定は、絶対パスあるいは相対パスを使用する。
> - 絶対パスは、最上位から指定したディレクトリやファイルまでの経路である。
> - 相対パスは、カレント位置から指定したディレクトリやファイルまでの経路である。

　ファイルシステムでは、ファイルを指定した場所に登録したり、取り出したりするときは、**パス（経路）** を指定して行ないます。ファイルシステム内のディレクトリやファイルは、すべて一意のパス名で識別することができるようになっています。パス名は、ディレクトリやファイルの位置を示し、その位置にたどりつくための経路を提示します。

　パスを指定するときは、絶対パスと相対パスの二つの方法があります。

◯-④-①　絶対パス

　絶対パスとは、ファイルシステムのルートディレクトリから始まり、指定したディレクトリやファイルにたどり着くための一意的な経路を指します。絶対パスの先頭の名前は、ルートディレクトリから始まります。ルートディレクトリの名前は、「¥」記号で表現します。一方、パスの最後の名前は、指定したディレクトリかファイルの名前になります。パスの途中の名前は、指定したものにたどり着くまでに階層的に経由するディレクトリの名前になります。たとえば、先の例で、「コンピュータの基礎」の「第1週ノート」を示す絶対パスは

　　¥授業ノート¥コンピュータの基礎¥第1週ノート

になります。図9.3は、この絶対パスを図で示したものです。

> 左に例で、先頭の「¥」は、最上位ディレクトリ名を表します。「授業ノート」、「コンピュータの基礎」は、途中のディレクトリ名、「第1週ノート」はファイル名です。これらの名前の間にある「¥」記号は、名前を区切るための記号として使われます。

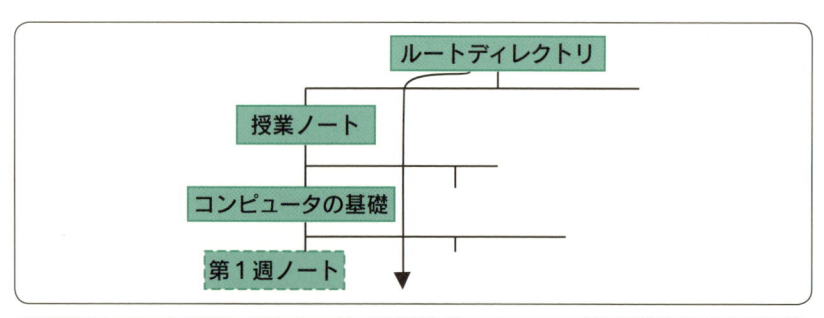

図9.3　絶対パス

❸-④-② 相対パス

相対パスは、カレントディレクトリから新たに指定したディレクトリかファイルにたどり着くための一意的な経路を指します。**カレントディレクトリ**とは、その直前に指定されていたディレクトリのことです。ファイルシステムは、新たに次のファイルが指定されるまで、直前に指定されたディレクトリをカレントディレクトリとして認識しています。

カレントディレクトリに登録されている下位ディレクトリやファイルを指定したいときは、相対パスを使用すると、経路が簡単になり、扱いやすくなります。

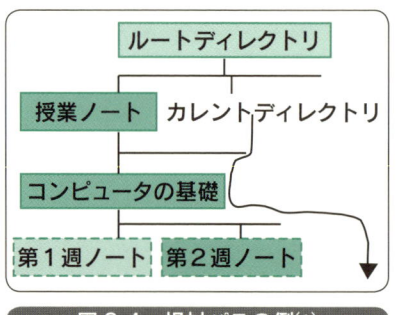

図9.4　相対パスの例(1)　　図9.5　相対パスの例(2)

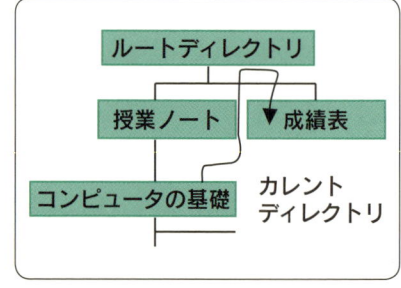

たとえば、カレントディレクトリが「授業ノート」で、「コンピュータの基礎」の「第2週ノート」を指定したいときの相対パスは、
　　コンピュータの基礎¥第2週ノート
になります。絶対パスと比較して、パスが簡単になります（図9.4）。

相対パスを利用して、ファイルシステム内のどのディレクトリや

ファイルでも指定できます。その場合、指定する場所によっては、ファイルシステムの階層構造内を一度上にたどる必要が出てくることがあります。カレントディレクトリの上位のディレクトリを指定するには、「..」記号を使用します。図9.5で、カレントディレクトリが「コンピュータの基礎」で、ディレクトリの「成績表」を指定する場合、相対パスは

　..¥..¥成績表

になります。

D　ユーザ管理

　ユーザ管理は、コンピュータの利用者ごとにユーザアカウントを登録したり、削除したりする機能です。ユーザアカウントとは、ユーザ名やパスワードなどの情報の集まりです。ユーザ管理機能によって、利用者がシステムに正規に登録された者かどうかを識別します。

「..」は、ドットドットと発音します。

先頭の「..」は、カレントディレクトリの上位にあるディレクトリ「授業ノート」を指しています。また、次の「..」は、「授業ノート」の上位ディレクトリ「ルートディレクトリ」を指しています。

この章のまとめ

1　オペレーティングシステムは、コンピュータシステム全体を効率よく稼動させ、システムの生産性向上を目的として作られたソフトウェアである。

2　コンピュータシステムの生産性は、処理能力、応答時間、使用可能度、信頼性などの指標で表す。
処理能力：一定の時間でシステムが処理する仕事量
応答時間：要求を出してからその答が戻ってくるまでの時間
使用可能度：システムが使用できるか否かを示す度合い
信頼性：システムがどの程度正しく作動するかの度合い

3　OSの主要機能はタスク管理、メモリ管理、データ管理、ユーザ管理などである。

4　タスク管理は、タスク（コンピュータからみた作業の単位）の多重処理を可能にする。

5　メモリ管理は、仮想メモリを可能にする。

6　データ管理は、ジョブで使用するデータを統一して管理する。パソコンでは、そのために、ファイルシステムを使用する。

7　ファイルシステムはディレクトリとファイルで構成され、ディレクトリは階層的に構成できる。ファイルはディレクトリ内に含める。

8　ファイルシステム内のディレクトリやファイルの場所の指定は、絶対パスあるいは相対パスを使用する。
絶対パス：最上位から指定したディレクトリやファイルまでの経路
相対パス：カレント位置からの経路

練 習 問 題

問題1　OS に関する次の記述で、正しいものには○、正しくないものには×をつけなさい。

(1)　OS はコンピュータシステム全体の生産性をあげることを目的とした基本ソフトウェアである。

(2)　OS の機能の一つとして、タスク管理があり、それにより複数タスクの並列処理が可能になる。

(3)　OS の機能の一つとして、ユーザ管理があり、それによりファイルシステムを利用することができる。

(4)　OS の機能の一つとして、データ管理があり、それによって仮想メモリを有効に活用することができる。

問題2　下記の用語の意味するところを簡単に説明しなさい。

(1)　スループット

(2)　レスポンスタイム

(3)　ターンアラウンドタイム

問題3　下記のような構造を持つファイルシステムがあります。ここで、A、B、はディレクトリ、F1 〜 F3 はファイルであるとします。いま、カレントディレクトリが A の状態で、ファイル F3 を指定する相対パスを定義しなさい。

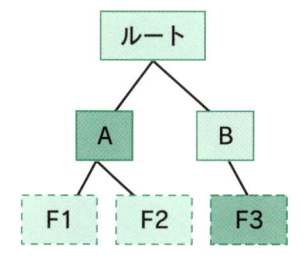

```
        ルート
        /    \
       A      B
      / \     |
    F1  F2   F3
```

第10章
アプリケーションソフトウェアで自分の仕事をしよう

教師：レポートを作成するとき、どんなソフトを使っているの。

学生：僕はWORDだけれど、一太郎を使っている仲間もいますよ。

教師：WORDにしろ、一太郎にしろ、文章を作成する業務のためのソフトだろう。

学生：それはそうですけど。

教師：インターネットを利用する場合はどう？

学生：Internet Explorerを利用していますよ。

教師：Internet Explorerは、インターネットで情報を検索するときのソフトだよね。レポート作成にしろ、インターネットにしろ、使用目的に応じて、必要なソフトを使いわけているわけだ。このような使用目的ごとに作成されたソフトがアプリケーションソフトウェアなんだ。

この章で学ぶこと

1. アプリケーションソフトウェアとは何かを理解する。
2. プログラミング言語の体系について理解する。
3. プログラムがコンピュータで実行できるまでの流れについて理解する。

10.1　アプリケーションソフトウェアとは

> ●アプリケーションソフトウェアには、共通アプリケーションソフトウェアと個別アプリケーションソフトウェアがある。

　第1章で説明したように、**アプリケーションソフトウェア**には、共通アプリケーションソフトウェアと個別アプリケーションソフトウェアがあります。共通アプリケーションソフトウェアは、ワープロソフトや表計算ソフトのようにいろいろな業務で共通に使用されるものです。一方、個別アプリケーションソフトウェアは、企業の販売管理や給与計算など特定の業務で使用されるソフトウェアです。

10.2　共通アプリケーションソフトウェア

> ●共通アプリケーションソフトウェアは、開発ツールとオープンソースソフトウェアに分けられる。

　共通アプリケーションソフトウェアには、ワープロソフトや表計算ソフトなどの開発ツールと無償でソースコードが公開され、自由に改変できるオープンソースソフトウェアがあります。

A　開発ツール

　いろいろな業務で共通に使用できる**開発ツール**として、ワープロ、表計算、データベース、グラフィックス、プレゼンテーションなどのソフトウェアパッケージがあります。

ⓐ-①　ワープロソフト

　ワープロソフトは、文書を作成するためのソフトウェアです。日本語入力システムを使用して、ローマ字やひらかなで文字を入力し、漢字変換した文書を作成できます。文字のフォントの種類やサイズを選ぶこともできます。図表を挿入する機能などもあり、表現力豊かな文書を作成することができます。

> マイクロソフト社の「WORD」があります。

ⓐ-② 表計算ソフト

表計算ソフトは、表に入力した数値の計算をしたり、計算結果をグラフにして表示するなどの機能を持っています。計算は四則演算やべき数計算ができます。また、関数を使用して合計や平均値、最大値、最小値などを求めることもできます。

> マイクロソフト社の「Excel」があります。

ⓐ-③ データベースソフト

データベースソフトは、関係データベースの表の定義やデータ入力機能を持ち、データベースを作成できます。作成したデータベースから必要なデータだけを簡単に抽出できる機能も持っています。また、個別アプリケーションソフトウェアの作成機能も有し、データベースと関連した画面の作成や画面を操作するプログラムを作成することもできます。

> マイクロソフト社の「Access」があります。

ⓐ-④ プレゼンテーションソフト

プレゼンテーションソフトは、プレゼンテーション用のスライドを作成するためのソフトウェアです。文字による説明のほかに、表、グラフ、図、アニメーションなどを使用して効果的なプレゼンテーション資料を作成することができます。

> マイクロソフト社の「Power Point」があります。

ⓐ-⑤ ブラウザ

ブラウザは、インターネット操作用のソフトウェアです。URLを入力してインターネット上で公開された情報を閲覧したり、URLがわからないときは検索キーを用いてURLを調べたりすることができます。インターネットに関しては、第13章に詳しく述べてあります。

> マイクロソフト社の「Internet Explorer」があります。

Ⓑ オープンソースソフトウェア

> ●オープンソースソフトウェアは、無償でソースコードが公開され、誰でも自由に改変、再頒布を行えるソフトウェアである。

オープンソースソフトウェア（OSS）は、無償でソースコードが公開され、誰でも自由に改変、再頒布を行えるソフトウェアです。ソフトウェアの発展を目的としています。OSSには、ワープロや表計算を行うオフィスソフトウェア、インターネット操作用のブラウザ、

> OSS（Open Source Software）

電子メールソフトなどが提供されています。また、OS の Linux も OSS として広く普及しています。

10.3 個別アプリケーションソフトウェア

A 個別アプリケーションソフトウェアの作成

> ● 個別アプリケーションソフトウェアは、個別業務ごとにその業務の処理手順にそって作成されたソフトウェアである。

個別アプリケーションソフトウェアは、個別業務ごとにその業務の処理手順にそって作成されます。処理手順は、ハードウェアの基本的機能を組み合わせて作成します。処理手順をプログラムとして作成するためには、処理手順を記述できるプログラミング言語を用います。

プログラミング言語で書かれたプログラムは、コンピュータで実行できる形にした後、補助記憶装置に保存しておきます。そして、それらを実行したいときは、主記憶装置にロードします。これにより、コンピュータは、その都度異なるタイプのデータ処理を行えるようになります。

> たとえば、販売業務用のプログラム、銀行業務用のプログラムなどが、それぞれの処理手順で作成されます。

> プログラミング言語は、業務の処理内容に応じていろいろなものが用意されています。

B 業務処理手順の作成

> ● 業務処理手順は、業務ごとに異なる。
> ● 処理手順は、流れ図などでわかりやすく、正確に記述し、それをもとにプログラムを作成する。

プログラムは、実際の業務の処理手順をコンピュータに指示するためのものです。処理手順は、業務ごとに異なります。処理手順は、実際のプログラムを作成する前に、流れ図などを使用してわかりやすく、正確に記述しておきます。受注処理業務の処理手順を**流れ図**で記述した例を図 10.1 に示します。

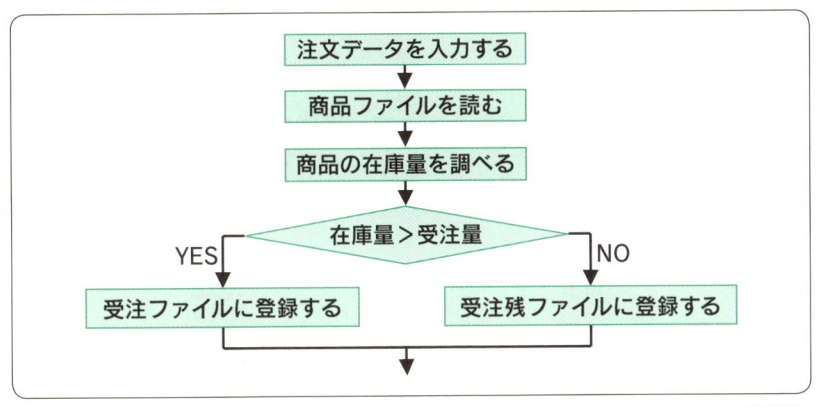

図 10.1　処理手順の記述（流れ図）

図10.1は、「注文データを入力する」、「商品ファイルを読み取る」、「商品番号を照合し、在庫量を調べる」、「在庫があれば注文データを受注ファイルに登録する」、「在庫がなければ受注残ファイルに登録する」といった手順を記述しています。

C　プログラミング言語

　業務ごとの処理手順が作成できれば、それをもとにプログラミング言語を用いて実際にプログラムを作成する作業を行ないます。プログラムで処理する業務は、いろいろなものがあります。たとえば、上記の受注処理のようなビジネス業務もあれば、建築の構造計算を行なうような技術系業務もあります。プログラミング言語は、これら多様な業務内容に応じていろいろなものが用意されています。主要なプログラミング言語を表10.1に示します。

どんな処理内容でも、その手順の指示を人間が行うかぎり、人間の言葉に近い形で行えれば、わかりやすく便利です。そのため、プログラミング言語は、一部のものを除いて、できるだけ人間に近い言葉で処理手順を指示できるようになっています。

表 10.1　プログラミング言語

種類		特徴
高水準	手続型	
	COBOL	ビジネス業務向き。英語に近い。
	PL/I	万能言語。ビジネス業務、科学技術計算ともに可能。
	FORTRAN	科学技術計算向き。数式に近い形で書ける
	BASIC	初心者向き。
	C	細かな操作指示ができる
	C++	Cにオブジェクト機能を追加
	JAVA	オブジェクト指向型言語。OSやハードウェアに依存しない
	非手続型	
	SQL	データベース操作言語。必要なデータを指示するだけ。
	RPG	ビジネス業務向き。
低水準	アセンブラ	機械語と1対1でプログラミング可能。実行速度が速い。

❸-① 高水準言語

プログラミング言語には、より人間の言葉に近い形式で指示できるものがあります。このような言語を**高水準言語**と呼んでいます。高水準言語は、さらに手続き型言語と非手続き型言語に分けることができます。

❸-①-① 手続き型言語

手続き型言語は、処理手順をそのままプログラミング言語の一つひとつの命令で指示していくタイプの言語です。コンピュータはその指示手順にしたがって稼動します。代表的なものとして、JAVAやBASICといった言語があります。

❸-①-② 非手続き型言語

非手続き型言語は、処理の手順（HOW）ではなく、何をしたいか（WHAT）を指示するタイプの言語です。使用者が指示した内容をコンピュータ側で分析して、具体的な処理手順を作成します。その分、使用者はプログラムの作成が楽になります。代表的なものとして、SQLやRPGがあります。図10.2はSQLでデータベースから必要なデータを抽出するプログラムの例です。

```
SELECT 顧客名 , 住所 , 電話番号
FROM 顧客テーブル
WHERE 住所 = 東京都 *
```

図10.2　SQLプログラム

> 図10.2のプログラムでは、データベースの顧客テーブルから、住所が東京都の顧客の顧客名、住所、電話番号を出力することを指示しています。必要なデータの指示だけでよく、それらのデータを探し出す処理手順は指示しなくてもよいので、大変作成しやすい言語です。

❸-② 低水準言語

コンピュータが理解できる機械語に近い形で指示するプログラミング言語を**低水準言語**と呼んでいます。低水準言語は、コンピュータが実際に実行する一つひとつの機械語を、わかりやすい記号に置き換えた言語です。原則として、機械語の命令と低水準言語の命令は1対1で対応します。低水準言語によるプログラム作成は、高水準言語に比べて、時間がかかります。しかし、コンピュータでそのプログラムを実行するときは、実行速度は速くなります。代表的なものとしてアセンブラ言語があります。

D プログラム実行までの流れ

プログラミング言語で記述されたプログラムは、そのまますぐコンピュータで実行できるわけではありません。プログラミング言語の一つひとつの命令は、人間には理解できても、そのままでは、コンピュータには理解できません。人間が書いたプログラムをコンピュータに理解させるためには、プログラミング言語の命令を機械語に変換する必要があります。そのための作業は、次のような手順で行います。

ソースプログラム → コンパイル → 目的モジュール → 連携編集 → ロードモジュール

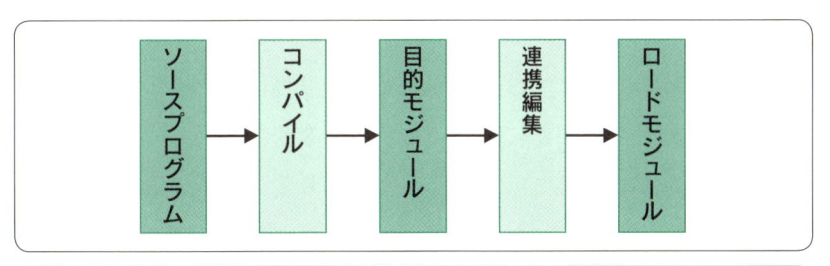

図 10.3　プログラムの実行までの流れ

d-① ソースプログラム

人間が、業務の処理手順にそってプログラミング言語で書いたプログラムをソースプログラムといいます。書かれた命令群をソースコードと言います。図 10.2 がその例です。

ソースプログラムは、そのままの形では、コンピュータで実行することはできません。コンピュータは機械語しか理解できず、日常言語に近い形式で書かれたソースプログラムをそのままでは理解できません。ソースプログラムは、あくまでも人間の立場にたったものであり、それをコンピュータに理解させるには、機械語に翻訳する作業が必要になります。

d-② 言語翻訳プログラム

ソースプログラムを機械語に翻訳するソフトウェアを**言語翻訳プログラム**と言います。言語翻訳プログラムは、通常、OS の管理のもとに実行されます。ソースプログラムは、業務内容に応じていろいろなプログラミング言語で書かれています。したがって、言語翻訳プログラムもプログラミング言語ごとに用意されます。

言語翻訳プログラムは**コンパイラ**と呼ぶこともあります。言語翻訳

> 言語翻訳プログラムは、翻訳だけでなく、ソースプログラムの中に含まれる文法上の誤りや、構文上の不一致などのエラーもチェックし、指摘してくれます。

プログラムは、人間が機械語でなく、日常言語に近いプログラミング言語でのプログラミングを可能にします。

ⓓ-③ 目的モジュール

言語翻訳プログラムを使って、ソースプログラムを機械語に翻訳する作業を**コンパイル**といいます。言語翻訳プログラムが翻訳した機械語のプログラムを**目的モジュール**（オブジェクトモジュール）といいます。

目的モジュールは機械語になっていますが、そのままコンピュータで実行できるわけではありません。それには理由があります。

業務の処理手順のなかには、いろいろな業務で共通して使用できる汎用的な処理が含まれていることがよくあります。その汎用的な処理部分を事前に一つのプログラムとして作成しておき、必要に応じて何度もそれを利用すると、業務ごとにそれをプログラムする手間が省けることになります。通常、プログラミング言語は、そのようなあらかじめ作成されたプログラムを呼び出す命令を用意しているため、簡単に利用することができます。

その場合、あらかじめ用意されたプログラムとそれを利用するプログラムを実行前に連携させる必要がでてきます。連携させた後は一つのプログラムとして実行できるようになります。あらかじめ用意されたプログラムとそれを利用するプログラムのそれぞれの目的モジュールは連携前のプログラムであり、そのまま実行させるわけにはいかないのです。

ⓓ-④ 連係編集プログラム

別個にコンパイルされた複数の目的モジュールを結合し、一つのプログラムとして実行できるようにする必要があります。この作業を**連係編集**といいます。連係編集を行うプログラムを**連係編集プログラム**（リンケージエディタ）といいます（図10.4）。

> 高水準言語で書かれたソースプログラムは、コンパイルされると、通常、一つの命令が複数の機械語に翻訳されます。機械語に比較的近いアセンブラ言語で書かれたソースプログラムは、原則として、一つの命令が一つの機械語に翻訳されます。これはアセンブラの命令が、一つひとつの機械語を単に記号化したものにすぎないからです。このような場合は、コンパイルとはいわず、**アセンブル**といいます。

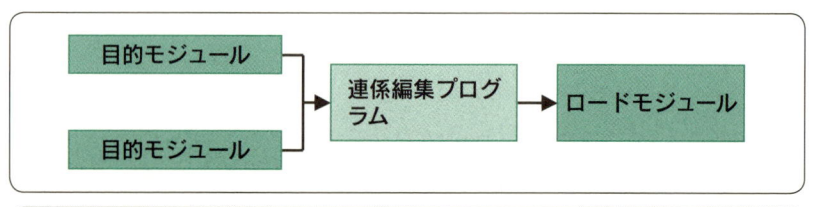

図10.4　連係編集

連係編集プログラムは、OS の管理のもとに、必要に応じて実行されます。連係編集プログラムが作り出したプログラムを**ロードモジュール**と呼びます。ロードモジュールがコンピュータで実行可能なプログラムです。

この章のまとめ

1. アプリケーションソフトウェアには、共通ソフトウェアと個別ソフトウェアがある。

2. 共通ソフトウェアはいろいろな業務で共通に使用できるソフトウェアで、開発ツールとオープンソースソフトウェアに分けられる。

3. 開発ツールには、ワープロ、表計算、データベース、プレゼンテーションソフトやブラウザなどがある。

4. オープンソースソフトウェアは無償でソースコードが公開され、自由に改変、再頒布ができる。

5. 個別ソフトウェアは、特定の業務を行わせるために作成したプログラムのことである。

6. 個別ソフトウェアは、業務の処理手順にそって作成する。処理手順は、流れ図などでわかりやすく、正確に記述する必要がある。

7. 個別ソフトウェアはプログラミング言語によって作成する。

8. プログラミング言語には、いろいろなものがある。
   高水準言語：日常言語に近い
   　　手続き型言語：処理手順（HOW）を指示→ C、JAVA
   　　非手続き型言語：必要な出力（WHAT）を指示→ SQL
   低水準言語：機械語に近い→アセンブラ

9. 人間が書いたプログラム（ソースプログラム）はコンピュータで実行できるプログラム（ロードモジュール）に変換する必要がある。

10. ソースプログラムをロードモジュールに変換するには、次の手順で行う。

    ソースプログラム→コンパイル→目的モジュール→連係編集→ロードモジュール

練習問題

問題1　アプリケーションソフトウェアには共通アプリケーションソフトウェアと個別アプリケーションソフトウェアがあります。それぞれについて簡単に説明しなさい。

問題2　次の文の（　）内に適切な用語を入れなさい。
(1) 共通アプリケーションソフトウェアは、（　a　）と（　b　）に分けられる。
(2) （　a　）には、文書を作成するための（　c　）、インターネットを操作するための（　d　）などがある。
(3) （　b　）は、（　e　）を（　f　）で公開し、自由に改変、再頒布ができる。

問題3　下記に示すプログラム実行までの作業手順で、適切なものはどれですか。
(1) 言語翻訳プログラム→ソースプログラム→連係編集プログラム→ロードモジュール
(2) ソースプログラム→連係編集プログラム→目的モジュール→言語翻訳プログラム
(3) 連係編集プログラム→ソースプログラム→言語翻訳プログラム→目的モジュール
(4) ソースプログラム→言語翻訳プログラム→連係編集プログラム→ロードモジュール
(5) ロードモジュール→目的モジュール→連携編集プログラム→ソースプログラム

問題4　プログラミング言語について次の問に答えなさい。
(1) 高水準言語と低水準言語の違いについて簡単に説明してください。
(2) 手続き型言語と非手続き型言語の違いについて簡単に説明してください。

第11章
データベースについて考えよう

教師：コンピュータはハードウェアとソフトウェアでデータ処理を行うことは理解できただろう？

学生：細かいことは別として、ソフトウェアの指示にしたがってハードウェアが実行していくことはわかりました。

教師：ただ、ハードウェアとソフトウェアがあればすべてのデータ処理が効率的にできるわけではないんだ。データ処理はデータを扱うわけだから、データ環境が整っていなければならない。

学生：それはそうですね。

教師：今回は、データの側面からデータ処理を考えてみよう。特に、ファイルやデータベースについて詳しく見てみることにしよう。

この章で学ぶこと

1. データベースの必要性について理解する。
2. データベースとは何かを理解し、データベースを構成するファイルの構造について学ぶ。
3. 関係データベースが表形式であることを理解し、表の構造や操作について学習する。
4. データベース管理システムの機能について理解する。

11.1 データベースの必要性

> ● データには、トランザクションデータとマスタデータがある。
> ● これらのデータを保存するためにデータベースが必要になる。

データには、仕事の過程でその時々に発生するデータ（**トランザクションデータ**）と、事前に用意されていて必要に応じて利用されるデータ（**マスタデータ**）があります。

たとえば、コンビニでは、顧客が購入した商品データをPOS端末からバーコードの形で読み取ります。これらの売り上げデータは、仕事のその時々に発生するトランザクションデータです。バーコードには、メーカや商品のデータがコードとして含まれています。

コンピュータでデータ処理する場合は、コードだけでは、不十分で、メーカ名や商品名、価格などのデータが必要になります。これらのデータは、事前にわかっている（マスタデータ）ため、通常、コードと名前などを対応させた形で、データベースとして保存し、必要に応じて参照することになります。

このように、データには大別して2種類ありますが、共にデータ処理に必要なものとして、データベースに保存しておきます。データベースのデータは、必要に応じて、参照されたり、更新されたりします。データベースは、コンピュータによるデータ処理には欠かせないものです。

11.2 データベースの概念

A　データとは

企業がある業務を遂行する場合、管理しなければならない対象物がいろいろ存在します。たとえば、販売業務における「顧客」や「商品」、人事業務における「社員」や「部門」は管理の対象になる対象物です。これらの管理対象物を**エンティティ**と呼んでいます。

エンティティを具体的に説明するものとして、データが発生します。

「顧客」を具体的に説明するために、顧客名や住所、電話番号などのデータ項目が考えられます。通常、一つのエンティティを説明するために、複数のデータ項目が存在します。

> ● データ項目は一つの項目名と複数の値を持つ。

　一つの**データ項目**は項目名とデータ値を持ちます。**項目名**は一つのデータ項目に固有の一つの名前が付けられます。しかし、**データ値**は複数個発生します。図11.1は顧客に関するデータです。「顧客名」、「住所」、「電話番号」はデータ項目名であり、"青木商事"、"石田電気"などは顧客名のデータ値です。

```
管理対象物：顧客
　データ項目名：　顧客名　　　住所　　　　　電話番号
　データ値：　　　青木商事　　東京都中央区　03-123-4567
　　　　　　　　　石田電気　　大阪市北区　　06-987-6543
　　　　　　　　　　：　　　　　：　　　　　　：
```

図 11.1　データ項目は項目名と値を持つ

B　データベースとは

> ● エンティティごとに一つのファイルが作成される。
> ● データベースは、一般に、複数のファイルで構成される。

　データベースのデータは、エンティティ単位で保存されます。エンティティを説明するためのデータは、**データ正規化**という手法を用いて決定することができます。データ正規化によって決定されたエンティティに対するデータを集めたものが**ファイル**です。

　一つの業務には、通常複数のエンティティが存在するため、ファイルも複数個になります。これらのファイルを集めて、全体として管理するのがデータベースです。販売管理業務でのデータベースの例を図11.2に示します。この例では、エンティティとして、「顧客」、「商品」、「売上」を取り上げ、それぞれに対しファイルを作成しています。これらのファイルを集めて全体として管理するのがこの業務のデータ

エンティティごとにファイルを作成することによって、データの無駄な重複や矛盾を排除することができます。

ベースです。

顧客ファイル		商品ファイル			売上ファイル		
顧客番号	顧客名	商品番号	商品名	単価	顧客番号	商品番号	数量
K01	青島電気	S1	テレビ	50000	K01	S1	3
K02	石山商事	S2	コンポ	60000	K01	S2	1
		S3	DVD	70000	K02	S1	2

図 11.2　販売管理業務のデータベースの例

C　ファイルの構成

- ファイルの基本構成要素はデータ項目とレコードである。
- ファイルは、通常複数のレコードを持つ。
- レコードは、通常複数のデータ項目を持つ。
- ファイル内の特定のレコードを識別するために、レコード内に主キー（データ項目）を設定する。

ファイルは、あるエンティティに関するデータを集めたものです。たとえば、図11.2の商品ファイルは、販売管理業務での主要なエンティティの一つである「商品」に対するものです。

ファイルの基本構成要素は、データ項目とレコードです。それぞれの**データ項目**は、エンティティの個々のものを区別するために、いろいろなデータ値をとります。たとえば、「商品」エンティティのデータ項目「商品名」は、"テレビ"、"コンポ"といったデータ値をとり個々の商品を区別します。

レコードは、エンティティの個々のものに対するデータ項目のデータ値を集めたものです。商品ファイルでは、個々の商品に関するデータ項目のデータ値の集まりが商品レコードになります。レコードを構成する個々のデータ項目を**フィールド**とも呼びます。レコードは一つのファイルに複数個含まれます。商品ファイルでは、商品の種類だけのレコードが存在することになります。

> 図11.2では、データ項目として「商品番号」、「商品名」、「単価」が取り上げられています。これらのデータ項目の全商品に対するデータ値を集めたものが商品ファイルになります。

> たとえば、データ値 "S1"（商品番号）、"テレビ"（商品名）、"50000"（単価）を集めたものは、テレビという商品に関するレコードになります。これはエンティティの一つの実現値であり、**インスタンス**ということもあります。

```
商品ファイル
              キー      データ項目(フィールド)
                ↓         ↙    ↘
              商品番号   商品名   単価
      レコード → S1      テレビ   50000
              ↘ S2      コンポ   60000
                 :        :       :
```

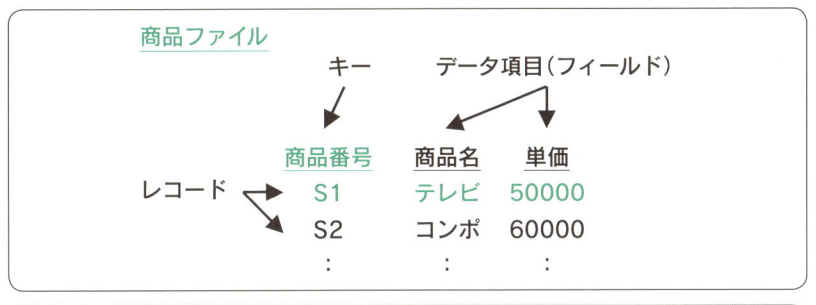

図 11.3　ファイルの構成

　ファイルのデータを参照するとき、ファイルに存在する多くのレコード中の特定レコードだけを必要とする場合があります。たとえば、商品ファイルから商品番号"S1"の商品名と単価を知りたいといった場合です。このようなときは、多くのレコードの中から商品番号のデータ値が"S1"であるレコードを見つけ出す必要があります。

　そのために、レコードを構成するデータ項目の中に、レコードごとに異なるデータ値を持つものを設定します。そうしておけば、そのデータ項目の固有のデータ値を指定することにより、その値を持った特定のレコードを見つけることが可能になります。レコードごとに固有の値を持つデータ項目を**主キー**と言います。

図 11.3 の例では、「商品番号」が商品ごとに固有のデータ値を持っています。そのため、「商品番号」が主キーになります。主キーはレコードごとに異なる値を持つことが条件です。

11.3　関係データベース

A　関係データベースとは

● **関係データベースは、ファイルを表で表現するデータベースである。**

　関係データベースは、データベースをコンピュータで処理するときの一つのデータベースモデルです。パソコンでデータベースを処理するときは、通常、関係データベースを使用します。関係データベースでは、ファイルに含まれるデータを表（テーブル）形式で蓄えます。

B 表（テーブル）

表は、**列**と**行**からなり、ファイルのフィールド（データ項目）が列に、レコードが行に対応します。一つ以上の表の集合が関係データベースです。

図11.4は、先の商品ファイルを表形式で表現したものです。

> 行を**組（タプル）**、列を**属性（アトリビュート）**、表全体の仕様を**スキーマ**と呼ぶこともあります。

商品番号	商品名	単価
S1	テレビ	50000
S2	コンポ	60000
S3	DVD	70000

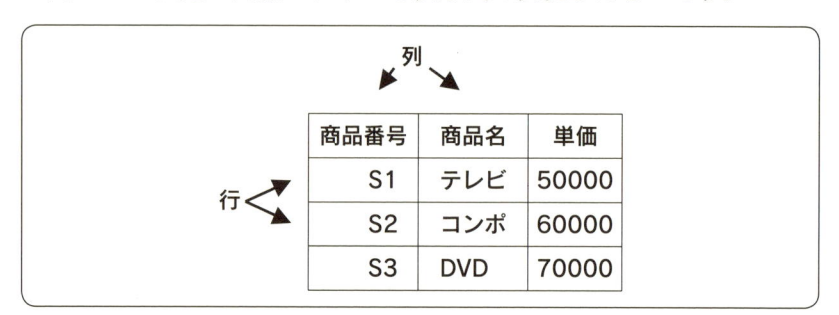

図11.4　商品ファイルの表

表は、表計算ソフトでも見られるように、データを扱うときの基本形であり、大変わかりやすい形です。

C 表間の関連性の設定

業務で使用する情報は、データベースの複数の表に分散しているデータを必要とすることがあります。このような事態に対応できるように、あらかじめ表間に関連性を設定しておかなければなりません。

関係データベースでは、表間の関連性は、関連性をつけたい表同士で同じデータ項目を持つことで実現します。異なる表間で、このデータ項目が同じ値を持ったものを関連レコードとして扱います。そして、これらの関連性をたどることで、必要な情報を抽出します。

商品番号	商品名	単価
S1	テレビ	50000
S2	コンポ	60000
S3	DVD	70000

（商品表）

顧客番号	商品番号	数量
K01	S1	3
K01	S2	1
K02	S1	2

（売上表）

図11.5　表の関連付け

図 11.5 は、商品ファイルと売上ファイルを表形式で作成し、その関連性を両方の表に「商品番号」を持たせることで関連付けた例です。この関連付けによって、売上表にある「商品番号」をもとに、その商品の「商品名」と「単価」を商品表から得て、「商品名」と「単価」を加えた新たな売上表を作成することができます。

たとえば、顧客番号"K01"が購入した商品番号"S1"の商品名は"テレビ"、単価は"50000"であることがわかります。

D 表データの操作

関係データベースでは、表のデータを操作するときは、集合操作が基本になります。**集合操作**とは、データを操作するときに、表のデータ全体を一つの集合としてとらえ、表単位で操作することです。

集合操作の代表的な例として、射影、選択、結合などの操作があります。**射影**は表の必要な列データだけを抽出する操作です。**選択**は条件に見合った行データ（レコード）を抽出します。また、**結合**は複数の表に分散している関連データを抽出します。図 11.6 は、図 11.5 の表に対する射影、選択、結合操作の一つの例を示しています。

(a)

商品番号	商品名
S1	テレビ
S2	コンポ
S3	DVD

(b) 選択

商品番号	商品名	単価
S1	テレビ	50000
S2	コンポ	60000

(c) 結合

顧客番号	商品番号	商品名	単価	数量
K01	S1	テレビ	50000	3
K01	S2	コンポ	60000	1
K02	S1	テレビ	50000	2

図 11.6 集合操作

図 11.6 では、射影は商品表の商品番号と商品名のデータだけを抽出しています。選択は商品表に対して単価が 60000 以下の商品データを抽出しています。結合は売上表にある「商品番号」をもとに、その商品の「商品名」と「単価」を商品表から抽出して、新たな売上表を作成しています。います。

このように、関係型データベースは、表全体のデータに対し一つの指令で処理可能なため大変扱いやすくなります。集合操作は、実際には SQL などのデータベース操作言語を用いて指示します。SQL はデータベース管理システムのもとで使用できます。

11.4 データベース管理システム

DBMS (Data Base Management System)

データベース管理システムは、データベースを操作する基本ソフトウェアです。一般に、DBMSと呼ばれています。データベースをコンピュータ上で稼動させるときに必要な作業を支援します。前節で述べた、表の定義や表データの操作を支援します。また、データベースシステムを運用するときの管理機能も提供します。利用者はデータベース管理システムを使用することによって、データベースの導入、運用が容易になります。

> ● データベース管理システムは、データベースを支援するミドルウェアである。データベースの定義や操作、トランザクション処理などの管理機能を行う。

データベース管理システムが提供する主な機能の一つとしてトランザクション処理があります。

データベースは、多くの利用者によって利用されます。そのため複数の利用者が、同一データを同時にアクセスする可能性があります。アクセスが更新作業の場合、アクセスのタイミングによってはデータベースのデータが予期しない値になってしまうことがあります。たとえば、図11.7の例では、間違った結果がデータベースに保存されたことになります。このようなデータ更新の矛盾が発生しないように、DBMSは管理します。

この機能を**トランザクション管理**（**排他制御**）と呼んでいます。トランザクション管理では、ロック機能を用いてこのようなデータ更新の矛盾を防ぎます。**ロック機能**とは、最初の処理がそのデータをアクセスした段階（例では①）で、その処理が終了するまで（例では③）、他の処理ではこのデータをアクセスできないようにすることです。

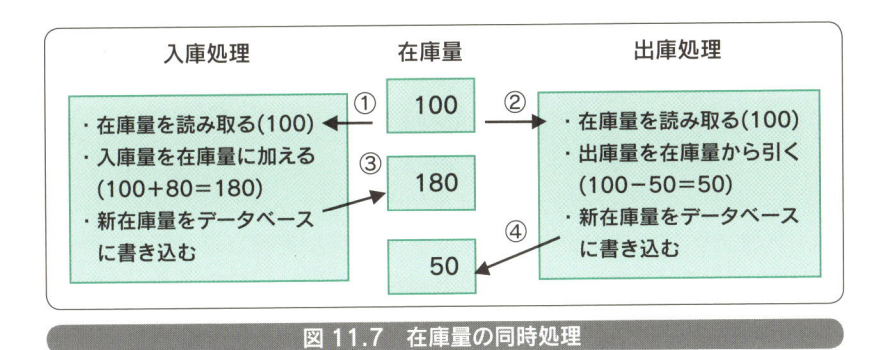

入庫処理	在庫量	出庫処理
・在庫量を読み取る(100) ・入庫量を在庫量に加える 　(100＋80＝180) ・新在庫量をデータベース 　に書き込む	① 100 ③ 180 ④ 50	② ・在庫量を読み取る(100) ・出庫量を在庫量から引く 　(100－50＝50) ・新在庫量をデータベース 　に書き込む

図 11.7　在庫量の同時処理

図 11.7 では、商品の在庫量が当初の 100 に対し、入庫量 80 の処理と出庫量 50 の処理を同時に行っています。処理のタイミングが①～④の順で行われた場合、処理後の在庫量は 50 になります。100 ＋ 80 － 50 ＝ 130 になるのが正しいので、間違った結果がデータベースに保存されたことになります。

この章のまとめ

1. データには、トランザクションデータとマスタデータがある。これらのデータを保存するためにデータベースが必要になる。

2. データベースは、一般に、複数のファイルで構成される。ファイルは管理対象物（エンティティ）ごとに作成される。

3. ファイルの基本構成要素はデータ項目とレコードである。レコードは、複数のデータ項目を持つ。ファイルは、複数のレコードを持つ。

4. ファイル内の特定のレコードを識別するために、レコード内に主キー（データ項目）を設定する。

5. データベースでは、ファイル間のデータの関連性を付けておく必要がある。ファイル間のデータの関連性は、ファイル間で同じデータ項目を持たせることによって行う。

6. 関係データベースは、ファイルを表形式で表現するデータベースである。表は列と行で構成される。列はデータ項目、行はレコードを表す。

7. 関係データベースは、集合操作が可能である。代表的な集合操作として射影、選択、結合がある。SQLによって集合操作を指示できる。

8. データベース管理システムは、データベースを操作するミドルウェアであり、データベースの定義や操作、トランザクション管理などの機能を行う。

10. トランザクション管理は、同時にアクセスされるデータの正確性を保証する。

練 習 問 題

問題1 データベースに関する次の記述で、正しいものには○、正しくないものには×をつけなさい。
　(1) ファイルは業務ごとに一つあればよい。
　(2) ファイルは複数のレコードを持ち得るが、一つのレコードは一つのデータ項目だけを含むようにするのが普通である。
　(3) ファイルの主キーは、異なるレコードで同じ値を持つことができる。
　(4) データベースはファイルの集まりであるが、業務上必要な情報を抽出するために、ファイル間に関連性を持たせておかなければならない。

問題2 下記の文章の空欄に適切な用語を記入しなさい。
　(1) データベースのデータは（　a　）単位に管理される。（　a　）は、業務のエンティティごとのデータを集めたものである。業務には、多くの（　b　）が存在するので、データベースは、複数の（　a　）を集めて管理することになる。
　(2) ファイルの基本構成要素は（　c　）と（　d　）である。（　c　）は、エンティティの属性として存在し、名前と（　e　）を持つ。（　d　）は、エンティティの個々のものに対する（　c　）のデータ値を集めたものである。（　d　）は、ファイルに通常複数個存在する。そのうちの特定のものを識別するために使用されるデータ項目を（　f　）という。（　f　）は（　d　）ごとにユニークな値を持たなければならない。
　(3) 関係データベースは、ファイルを（　g　）形式で管理する。（　g　）は、列と行から構成される。列は、ファイルの（　h　）、行は、ファイルの（　i　）に相当する。
　(4) 関係データベースでは、（　j　）が可能であり、一つの指示で、表のすべてのデータを操作対象にした処理が可能である。（　j　）を行うための言語として（　k　）がある。
　(5) データベース管理システムは、データベースを管理するための（　l　）である。

第12章
ネットワークについて理解しよう

教師：これまでは、コンピュータシステムの主要な機能のうち、データ処理、データ保存に関して学んできたが、データ伝送機能についてはまだ説明してなかったね。

学生：最初のころ、データ伝送機能を利用すると、時間と場所の制約が解消するという話を聞きました。

教師：よく憶えていたね。データ伝送機能を利用したデータ処理の例として何が思い浮かぶ？

学生：うーん。やっぱりインターネットかな。

教師：今はインターネットで自宅のパソコンから世界中のコンピュータに自由にアクセスできるようになったね。インターネットの基盤になっているのが通信ネットワークなのだよ。今回は、通信ネットワークとは何にかについて説明しよう。

この章で学ぶこと

1. 通信ネットワークとは何かを知り、それを構成する接続装置の役割について理解する。
2. ネットワークのタイプとしてLANとWANに分類できることを知り、それぞれの役割について理解する。

12.1 ネットワークとは

> ネットワークは、本来、網という意味であり、通信ネットワークシステムは、通信回線が網のように張り巡らされたシステムのことを指しています。ただ最近では、通信回線を張り巡らしただけでなく、コンピュータシステムと融合したシステムを意味するようになっています。

ITの分野で、ネットワークというと、正確には、通信ネットワークシステムのことを指しています。通信ネットワークシステムによって、遠隔地で発生したデータをコンピュータシステムに即時に送り、データ処理後、結果を再び遠隔地に送るといったことが可能になります。銀行のATMシステムや電子メール、インターネットなど、最近の情報システムは、ほとんどが通信ネットワークシステムの形態をとっています。

> ● 通信ネットワークシステムとは、入出力端末を通信回線でプロセッサと結び、情報の伝達と処理を体系的に行うシステムである。

通信ネットワークシステムは、コンピュータ技術と通信技術の融合により実現しました（図12.1）。通信回線は、複数地点間で網目状に接続されるので、ネットワークと呼ばれています。通信回線は、従来の電話線のようなアナログ伝送方式に加えて、ディジタル伝送方式が普及し、伝送するデータも文字データだけでなく、マルチメディアデータの伝送が可能になっています。

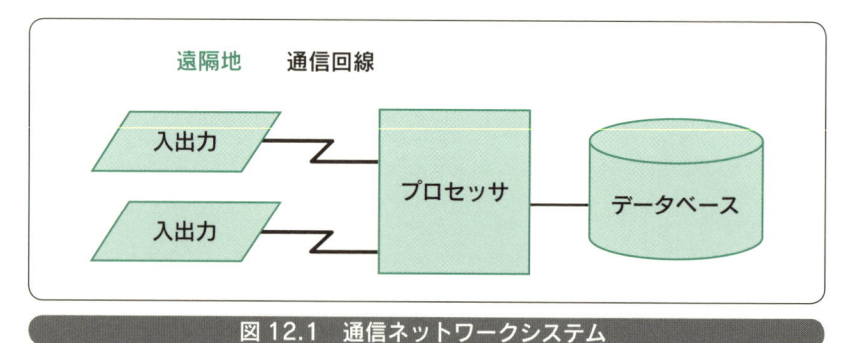

図12.1 通信ネットワークシステム

12.2 通信ネットワークシステムの基本構成

通信ネットワークシステムは、データを処理する部分とデータを伝送する部分に分けられます（図12.2）。

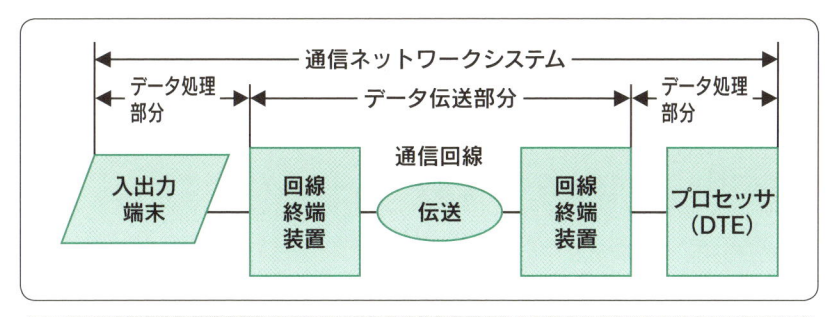

図 12.2 通信ネットワークシステムの構成

A データ伝送

> ● データ伝送部分は、データを伝送するための通信回線とデータを送受信するための回線終端装置から構成される。

　データ伝送部分は、入出力端末とプロセッサ間のデータ伝送を受持ちます。データ伝送には、データを送り出す機能、データを伝送する機能、データを受け取る機能が必要になります。データの送受機能は回線終端装置、データ伝送機能（伝送路）は通信回線が行います。

ⓐ-① 通信回線

　通信回線は、入出力端末装置とプロセッサ間のデータ伝送を行います。通信回線は、伝送特性によって、アナログ回線とディジタル回線に分けられます。アナログ回線はデータをアナログ信号で送ります。一方、ディジタル回線はデータをディジタル信号で送ります。**アナログ信号**とは、時間的に連続している信号であり、音波や電波はアナログ信号です。**ディジタル信号**は時間的に連続していない離散的なものであり、コンピュータが扱う0と1の信号はディジタル信号です。

ⓐ-①-① アナログ回線

> ● アナログ回線はデータをアナログ信号で伝送する回線である。コンピュータが扱うディジタルデータはアナログに変換して送る。

　アナログ回線は、データをアナログ信号で伝送する回線です。コンピュータが扱うデータはディジタル信号です。そのため、アナログ回

線でコンピュータのデータを送るときは、ディジタル信号をアナログ信号に変換して送る必要があります。

電話線を使用して、コンピュータのデータを送るときは、一般に伝送速度は遅く、伝送品質もあまりよくありません。ただ現在は、電話線を使用して高速通信が可能な**ADSL**技術が開発され、広く利用されています。電話線では、音声は3.3KHz程度までの周波数帯域が使用されています。ADSLは、音声よりも高い周波数帯域を使用してデータを伝送します。1Hzで1ビット伝送できるため、高い周波数では、それだけ多くのビットを伝送できることになります。通常、1.5～20Mbps程度のデータ量を伝送することが可能です。また、音声と異なる周波数帯域を使用するため、通常の電話とディジタルデータの伝送を同時に行うことも可能です。

❷-①-② ディジタル回線

> ●ディジタル回線は、データをディジタル信号で伝送する回線である。アナログ回線より伝送速度が速く、伝送品質もよい。

ディジタル回線は、データをディジタル信号で伝送する回線です。したがって、コンピュータのディジタル信号を回線上でアナログ信号に変換する必要はありません。

電話線でデータを送る場合と比較して、伝送速度は速く、伝送品質もよくなります。伝送速度が速いため、画像のようにデータ量の多いものでも、短時間で伝送することができます。

ISDNは、ディジタル回線で構成したネットワークであり、文字、音声、画像などのデータをディジタル化し、一つのディジタルネットワーク回線で送れるようにしたもの（音声、画像は本質的にはアナログデータ）です。日本では、1988年からNTTがサービスを開始し、高速・高品質のデータ伝送が可能です。

❷-② 回線終端装置（DCE）

プロセッサや入出力装置などディジタル信号を扱う装置を総称して**DTE**と呼んでいます。**回線終端装置**は、DTEが扱うディジタル信号と通信回線が扱う信号の相互変換機能を行います。回線の送受終端に

音声を電波にして送る電話線は、アナログ回線です。

ADSL（Asymmetric Digital Subscriber Line：非対称ディジタル加入者回線）

通信回線の伝送速度は、1秒間に伝送できるビット数（bps）で表されます。

ISDN（Integrated Services Digital Network）

DCE（Data Circuite-terminating Equipment）

DTE（Data Terminal Equipment：データ終端装置）

設置され、通信技術とIT技術の接点としての役割を果たしています（図12.2）。

ⓐ-②-① モデム

> ●アナログ回線でデータを送る時は、モデムを使用してアナログ、ディジタルの相互変換を行う。

アナログ回線でデータを送るときは、DTEが扱うディジタル信号をアナログ信号に変換する必要があります。この変換作業を**変調**と呼んでいます。またアナログ回線上のアナログ信号をDTEで受け取るときは、アナログ信号をもとのディジタル信号に変換する必要があります。この作業を**復調**と呼んでいます。変調と復調作業を行う装置を**モデム**といいます（図12.3）。

モデム（Modem: MOdulator-DEModulator）

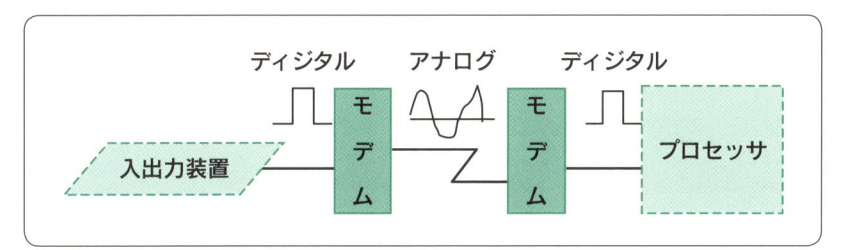

図12.3 アナログ回線とモデム

ⓐ-②-② DSU

> ●ディジタル回線では、ディジタル信号を伝送に都合の良い形に換えてデータを送るためにDSUを使用する。

ディジタル回線でデータを送るときは、ディジタル信号をアナログ信号に変換する必要はありません。そのため、モデムも必要ありません。ただ、同じディジタル信号でも、回線で送るときは、伝送に都合のよい形にして伝送します。そのための変換（符号化といいます）と逆変換（復号化といいます）が必要になります。この作業を行う装置を**DSU**といいます（図12.4）。

DCEは、モデムとDSUの総称です。このようにDCEは、通信回線の送受両端に設置され、回線とDTEの信号形態の違いを調整し、

DSU（Digital Service Unit）

回線やDTEが本来の信号形態で動作できるようにします。

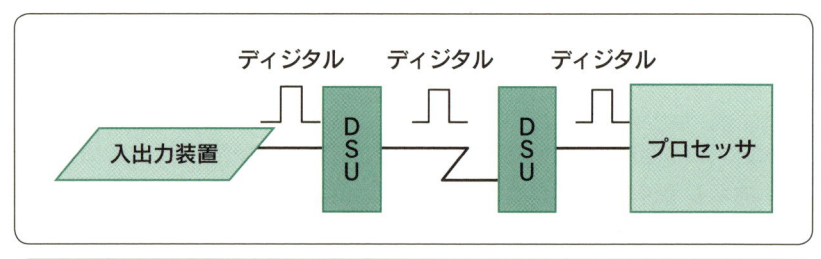

図12.4　ディジタル回線とDSU

B　データ処理装置

　先述のように、プロセッサや入出力装置などディジタル信号を扱う装置を総称してDTEと呼んでいます。DTE（データ終端装置）と呼ばれる理由は、プロセッサや入出力端末装置が通信ネットワークシステムとして通信回線の両端に位置するからです。

12.3　ネットワークシステムの形態

　通信ネットワークシステムは、ネットワークの接続範囲によってLANとWANに分類することができます。

A　LAN

a - ①　LANとは

- LANは、比較的狭い区域を対象にしたネットワークである。
- LANを用いたクライアントサーバシステムが広く普及している。

LAN（Local Area Network：構内通信網）

　LANは、比較的狭い区域（たとえば、一つのオフィスあるいはオフィスのワンフロア）内で、その区域にある複数のコンピュータをケーブルで接続したネットワークです。オフィス内に導入された多くのパソコンをケーブルで接続し、一つのネットワークシステムとして稼動させます。最近では、LANを用いたクライアントサーバシステムが広く普及しています。

ⓐ-② クライアントサーバシステム

クライアントサーバシステムでは、LAN 上のコンピュータを、サービスを要求する側（クライアント）とサービスを提供する側（サーバ）に分けて、システムを運用します。サーバは、役割に応じて、業務ソフトを実行するアプリケーションサーバ、データベースを管理するデータベースサーバなどが設定されます。クライアントは必要に応じてこれらのサーバにサービスを要求することができます（図 12.5）。

クライアントが多い場合は、**ハブ**と呼ばれる**集線装置**にクライアントからの接続ケーブルを集め、LAN の幹線にはハブを介して接続する方式が採用されます。

> 現在、学校や企業のオフィスで使用されているパソコンは、通常クライアントサーバシステムで運用されています。たとえば、学校の教室に設置されている多くのパソコンはクライアントコンピュータであり、同じ LAN 上のサーバコンピュータに接続されてサービスを受けます。

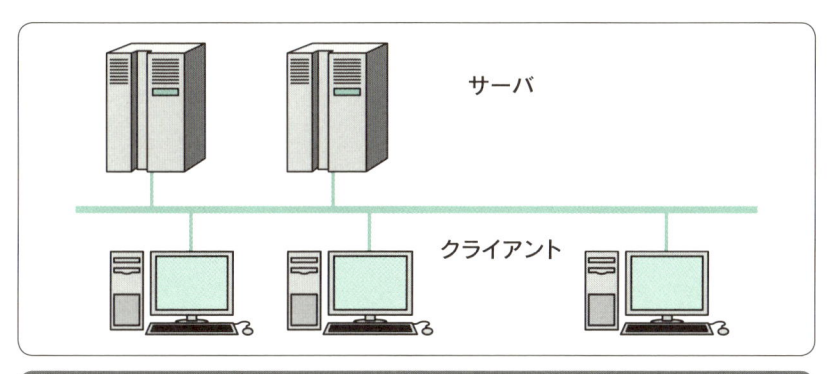

図 12.5 クライアントサーバシステム

ⓐ-③ ピアツーピアシステム

LAN に接続されたコンピュータを、クライアントとサーバに区別せずに、すべて同等の機能を持たせるようにしたシステムもあります。これを**ピアツーピアシステム**と呼んでいます。

Ⓑ WAN

WAN は、LAN のように限られた区域ではなく、広域に張り巡らした通信ネットワークシステムです。接続用の通信回線は、専門の通信事業者（例：NTT）の敷設した回線を使用します。そのため、回線使用料が必要です。

> WAN（Wide Area Network：広域通信網）

> ● WANは、広域に張り巡らした通信ネットワークシステムである。接続用の通信回線は、専門の通信事業者の敷設した回線を使用する。

　WANは、初期のころ、企業のオンラインシステムに広く利用されました。当初、企業は本社に大型の汎用コンピュータを導入し、それに各地の事業所に設置された入出力端末を通信回線で結び、販売データなどの収集に利用しました。その後、1985年に実施された通信の自由化により、一企業独自のシステムだけでなく、関連企業を含めたオンラインシステムにもWANが利用されるようになりました。

　ネットワークの形態も単に入出力端末と汎用コンピュータを接続したものから、コンピュータシステム同士を接続した**コンピュータネットワークシステム**が多くなってきました。特に、LANの普及により、複数のLANを接続したコンピュータネットワークが多く見られるようになりました。一つのLANを他のLANに接続するときは、ルータやゲートウェイを使用します（図12.6）。ルータやゲートウェイに関しては、13章であらためて説明します。現在では、個人のパソコンまでも接続した世界中にまたがるコンピュータネットワークシステム、いわゆる、インターネットが利用されるようになりました。

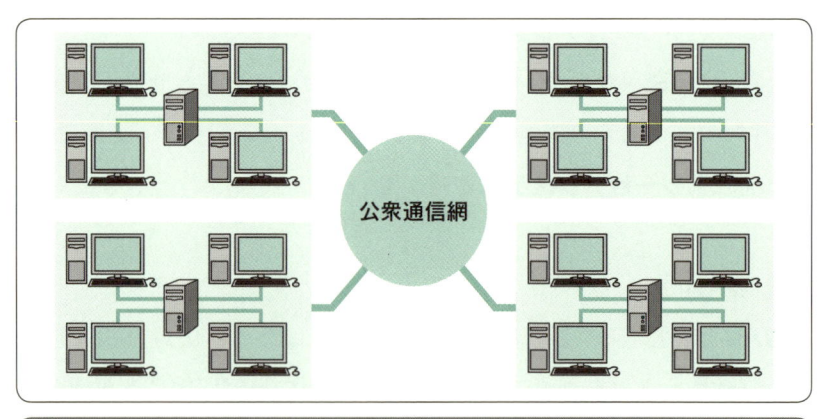

図12.6　コンピュータネットワーク

この章のまとめ

1. 通信ネットワークシステムとは、コンピュータと入出力端末を通信回線で結び、情報の伝達と処理を体系的に行うシステムである。

2. 通信ネットワークシステムは、データを伝送する部分とデータを処理する部分に分けられる。

3. データ伝送部分は、データを伝送するための通信回線とデータを送受信するための回線終端装置から構成される。

4. 通信回線には、アナログ回線とディジタル回線がある。

5. アナログ回線の回線終端装置としてモデムが使用される。モデムはアナログ/ディジタル変換を行う。

6. ディジタル回線の回線終端装置として DSU が使用される。

7. データを処理する部分は、入出力端末とコンピュータ（プロセッサ）である。

8. 通信ネットワークシステムの形態として、LAN と WAN がある。

9. LAN は、比較的狭い区域を対象にしたネットワークである。LAN を用いたクライアントサーバシステムが広く普及している。

10. WAN は、広域に張り巡らした通信ネットワークシステムである。接続用の通信回線は、専門の通信事業者の敷設した回線を使用する。

練習問題

問題1　ネットワークに関する次の記述の中から、適切なものを一つ選びなさい。
(1) ネットワークは、通信回線を網目状に接続したものであり、遠隔地間のデータの伝送を行うが、データの処理は行わない。
(2) ネットワークは、網目状に接続された通信回線とコンピュータが融合したものであり、データの伝送とデータの処理の両方を行う。
(3) LANは、広域ネットワークであり、インターネットはその代表例である。
(4) WANは、限られた区域のネットワークであり、WANを使用したクライアントサーバシステムが普及している。

問題2　ネットワークの構成要素に関する次の記述の中から適切なものを一つ選びなさい。
(1) データ回線終端装置（DCE）は、回線の両端に設置され、アナログ回線ではDSU、ディジタル回線ではモデムが用いられる。
(2) 遠隔地に設置された端末装置は、データの入力と出力のために使用され、それ自身でデータを処理することはない。
(3) 端末装置やコンピュータのディジタル信号をアナログ信号に変換することを変調という。逆に、アナログ信号をディジタル信号に変換することを復調という。
(4) ディジタル回線は、アナログ回線より、一般に伝送速度は速いが、伝送品質はよくない。

問題3　クライアントサーバシステムに関する次の文章の空欄に適切な用語を記入しなさい。
「クライアントサーバシステムは、ネットワークシステムの一つの形態である。サービスを要求する側のコンピュータを（　a　）と呼び、サービスを提供する側のコンピュータを（　b　）と呼ぶ。（　b　）は、役割に応じて設定される。（　a　）と（　b　）は（　c　）を用いて接続される。（　c　）は、限られた区域のネットワークである。

第13章

インターネットの仕組みについて調べてみよう

教師：インターネットに接続されているパソコンや携帯電話は、世界中で何台くらいあるか知っている？

学生：？？

教師：実は、私も正確な数はわからないよ。数えきれないほど多いし、さらに毎日増えているのでね。これだけ多くのコンピュータが接続されているシステムで、どうして正確に情報のやりとりができるのか、不思議に思わない？

学生：うーん。考えてみればすごいことですよね。

教師：それでは、今回インターネットの仕組みについて紹介することにしよう。

この章で学ぶこと

1. インターネットで、数多くのコンピュータの中から、特定のコンピュータを識別する仕組みについて理解する。
2. すべてのコンピュータが処理可能な情報の形式について知る。
3. 動作原理の異なるコンピュータ間で情報のやり取りを可能にする仕組み（プロトコル）について理解する。

13.1 インターネットとは

> ●インターネットは、世界的規模で張り巡らされたコンピュータネットワークシステムである。

インターネットは、世界的規模で張り巡らされたコンピュータネットワークシステムです。インターネットは、WANの代表的な例です。

インターネット上には、さまざまな仕様の多数のコンピュータが接続されています。これらをまとめて一つのシステムとして円滑に稼動させるためには、インターネットシステムとして、守らなければいけない標準的な仕組みが必要になります。特に、重要なのは、次の3点です。

① 数多くのコンピュータのなかで、特定のコンピュータを識別する仕組み
② すべてのコンピュータが処理可能な情報の形式
③ 動作原理の異なるコンピュータ間で情報のやり取りを可能にする仕組み

13.2 特定のコンピュータを識別する仕組み

> ●インターネットでは、特定のコンピュータを指定するためにIPアドレスを用いる。

私たちが日常の生活で、ある人にはがきや手紙で情報を伝えるときは、その人の住所と名前を指定するのと同じです。

インターネットでは、特定のコンピュータを指定するために、IPアドレスを使用します。

A　IPアドレス

> ●IPアドレスは、通常、32ビットで構成され、コンピュータごとに固有の値を持つ。

IPアドレスは、インターネット上の多くのコンピュータのなかで、

特定のコンピュータを指定します。そのため、IPアドレスはコンピュータごとに固有の値を持つ必要があります。

IPアドレスは、コンピュータで扱えるようにするため、ビットで表現されます。一般には、IPアドレスは32ビットで構成され、8ビットごとにドットで区切り4桁の数値で表現します。下記にその例を示します。上部が2進数、下部はそれを4桁の10進数で表現したものです。

11100000.01010101.11001100.00000011　（2進数）

224.85.204.3　（10進数）

IPアドレスは、32ビットをネットワーク部とホスト部で構成します。それぞれの部分のビット数は、環境に応じて変更することができます。図13.1は、IPアドレスの具体例です。ネットワーク部に7ビット、ホスト部に24ビット割当ています。この場合、ネットワーク数は$2^7 = 128$、一つのネットワーク上のコンピュータ数は$2^{24} = 1678$万台まで接続できることになります。

> インターネット上の特定のコンピュータを指定するときは、所属するネットワークとネットワーク上の特定のコンピュータを明確にする必要があります。前者をIPアドレスのネットワーク部で、後者をホスト部で指定します。

ネットワーク部	ホスト部
0 XXXXXXX	XXXXXXXXXXXXXXXXXXXXXXXX
↑　7ビット	24ビット
クラス指定	

図13.1　IPアドレス

> ネットワークの規模にかかわらず、IPアドレスは32ビットのため、インターネット全体では、最大2^{32}（約43億）台のコンピュータが接続可能です。ただ、最近では、これでも足りなくなってきて、IPアドレスを128ビットで構成できるようになっています。

IPアドレスの左端のビットは、ネットワークの規模を表すクラスを指定しています。図14.1のようにクラスを表すビットが"0"であるときは、大規模ネットワークを表しています。

IPアドレスのビット構成は、自分で設定することもできますが、通常は、コンピュータ起動時に自動的に設定します。これを行うのが**DHCP**と呼ばれるサーバコンピュータです。DHCPサーバは、通常、LANごとに設置され、そのLAN内のコンピュータに割り当てられたIPアドレスの範囲を記録しています。そのLANに接続されている一つのクライアントコンピュータが起動されると、他のクライアントに割り当てていないIPアドレスをそのクライアントに割り当てま

> DHCP（Dynamic Host Configuration Protocol）

す。

B ドメイン名

> ●ドメイン名は、人間が理解しやすい文字を使用して、インターネット上の特定のコンピュータを指定する。

ドメイン名は、人間が理解しやすい文字を使用して、インターネット上の特定のコンピュータを指定します。理解を助けるために、ドメイン名は階層化されています。ドメイン名の階層は次のようになります。

　ホスト名．組織名．組織属性．国名

「国名」でどこの国のコンピュータかを指定します。たとえば、日本にあるコンピュータには"jp"というコードを使用します。「組織属性」では、そのコンピュータが設置されている組織の大きなカテゴリを指定します。たとえば、企業では"co"、研究機関では"ac"、政府機関では"go"などのコードを使用します。「組織名」は、そのコンピュータが導入されている組織の具体的な名前を指定します。たとえば、"osaka-seikei"などのコードを使用します。「ホスト名」は、インターネットに直接接続されているコンピュータ名を指定します。

C DNS

> ● DNS は、ドメイン名を IP アドレスに変換する。

ドメイン名は、人間には理解できても、コンピュータはそのままでは理解できません。コンピュータが理解できるのは、あくまでもビットで構成された IP アドレスです。そのため、利用者がドメイン名で入力したアドレスをコンピュータが理解できる IP アドレスに変換する作業が必要になります。この作業を行うのが DNS というサーバコンピュータです。

サイドノート:

IP アドレスは、コンピュータ用にビットで構成されています。インターネットの利用者が、これをそのまま扱うのは現実的ではありません。人間が理解しやすいのは、ビットの組合せより、意味のある文字によるアドレス表現です。これを可能にするのがドメイン名です。

ドメイン名の具体例
univ.osaka-seikei.ac.jp
この例は、日本（jp）の大学（ac）である大阪成蹊大学（osaka-seikei）のコンピュータ（univ）を表しています。

DNS（Domain Name Service）

DNS サーバは、ドメイン名と IP アドレスの対照表を持ち、それをもとにドメイン名を IP アドレスに変換します。

13.3 共通に処理可能な情報の形式

A ハイパーメディアとHTML

- インターネットで表示される画面は、ハイパーテキスト形式で作成される
- ハイパーテキストは、文字、画像、音声データを処理でき、他の画面へのリンク機能も有する。

　インターネットの画面は、どのコンピュータでも処理きる標準的な規約にそって作成する必要があります。画面には、通常、文字データの他に、画像データや音声データが含まれます。また、画面の特定個所をクリックすると他の画面を表示できる**リンク機能**を持つ必要があります。このような特性を持った画面を**ハイパーメディア**と呼んでいます。そして、ハイパーメディアを構成する情報を総称して、**Webコンテンツ**と呼んでいます。従来、文字列を中心に画面を構成していたときは**ハイパーテキスト**と呼んでいましたが、最近は画像、音声なども含めてハイパーメディアと呼ぶようになりました。

　画面をハイパーメディアで作成するための標準言語が用意されています。この言語が**ハイパーテキストマークアップ言語**（HTML）です。HTMLによって、画面に表示する文章の文字データの指定や文章形式（文字の大きさ、表示位置、箇条書きの指示など）を指定することができます。また画像データの表示するときは、そのデータが存在するURLの指定をすることもできます。さらに他のハイパーメディアを表示するためのハイパーリンクの指定もできます。インターネット上の画面は、HTMLで作成することで、すべてのコンピュータで処理できることになります。

ハイパーメディア
(Hyper Media)

HTML（Hyper Text Markup Language）

B HTTP

> ● HTTPは、ハイパーメディアを転送するときの通信規約（プロトコル）である。

インターネットの利用者が、ブラウザにURLを入力すると、**ブラウザ**はURLを管理しているWWWサーバに情報を提供するように要求を出します。この場合、ブラウザはサービスを要求するクライアントであり、WWWサーバはサービスを提供するサーバになります。ブラウザの要求に対して、サーバからハイパーメディアを送るときは、一定の通信規約にそって行います。この通信規約がHTTPです。

HTTPは、要求を伝えるメッセージ（リクエストメッセージ）、それに対する応答（レスポンスメッセージ）の形式やクライアントとサーバ間の通信手順を定めています。

D URL

URLは、欲しい情報を持っているコンピュータのアドレスを指定します。

> ● URLは、検索したい情報を持っているコンピュータのアドレスを指定する。

URLは、次のような一定の形式を持っています。

　　http；// ドメイン名

ドメイン名は、検索したい情報を保有しているコンピュータを指定します。httpは、ハイパーテキストであるページをクライアントとサーバ間で転送するときのプロトコルを指定しています。

サイドノート:

ブラウザ：インターネットを操作するソフトウェアです。

WWWサーバ：インターネット専用のサーバです。

HTTP（Hyper Text Transfer Protocol）

URL（Uniform Resource Locator）

たとえば、URLをhttp；//www.yahoo.co.jpと指定すれば、おなじみのヤフーの日本語版ホームページを表示することができます。

13.4 ネットワークシステムにおける通信規約

- ネットワークシステムで情報の伝達を行う時は、送信側と受信側が共通に守る規約が必要である。この規約を通信プロトコル（通信規約）と呼ぶ。
- OSI 参照モデルは、国際的に標準化された通信プロトコルである。

プロトコル（Protocol）

OSI（Open System Interconnection）

A　OSI 参照モデル

　ネットワークシステムで、情報の伝達をする場合、送信側と受信側の両方で共通に守るべき規約をきめておく必要があります。このような規約を**通信プロトコル（通信規約）**と呼んでいます。

　通信プロトコルには、通信機能を保証するための規約と情報自体を正確に伝えるための規約が必要になります。

　通信プロトコルは、**国際標準化機構（ISO）**によって、国際的にOSI 参照モデルとして標準化されています。OSI は、ネットワーク上の仕様の異なるコンピュータ間で情報の伝達が正確に行えるようにするための通信規約です。OSI は、7 階層からなる規約で構成されています。表 13.1 は、その要約です。

ISO（International Standardization Organization）

表 13.1　OSI 参照モデル

階層	名称	機能
7	アプリケーション層	アプリケーション間のデータ処理方式
6	プレゼンテーション層	データ様式の変換
5	セッション層	会話形式の設定
4	トランスポート層	パケット通信、伝送エラーチェック
3	ネットワーク層	ネットワーク上での伝送路の選択
2	データリンク層	データを伝送する方式の確立
1	物理層	物理的な伝送路（通信回線）の提供

たとえば、電話のプロトコルは、①送信者が受信者の電話番号を入力する。②受信者の電話を呼び出す。③受信者が電話に出る。④受信者が本人であることを確認する。⑤会話を行う。⑥電話を切る。①、②、⑥は通信機能、③、④、⑤は情報に関する規約です。

　この表で、階層 1 〜 4 が通信機能を保証するための規約、階層 5 〜 7 が情報自体を正確に伝えるための規約です。

B TCP/IP

> ● TCP/IPは、インターネット用のプロトコルの総称で、OSIの全階層をカバーする。

インターネット用のプロトコルを、特にTCP/IPと呼んでいます。TCP/IPは、OSIの全階層をカバーしています。

ⓑ-① TCP

インターネットでは、転送するデータ量が多い場合、それを全体として一つのかたまりとして送るのではなく、**パケット**と呼ばれる複数の小さなかたまりに分割して送ります。そのため、パケットへの分割、それをもとの情報に復元する作業が必要になります。またデータ伝送時に発生する可能性のあるエラーのチェックも必要になります。これらの機能を行うのは、OSIでは第4層の**トランスポート層**ですが、インターネットでは、このプロトコルを、特に**TCP**と呼んでいます。

ⓑ-② IP

インターネットでは、送付先のIPアドレスを転送する情報に付加する形で送ります。データの送付先のコンピュータはIPアドレスにより指定できますが、そのコンピュータで複数のアプリケーションが稼働している場合、データを使用するアプリケーションを特定化する必要があります。そのために**ポート番号**を用います。IPアドレスとポート番号を用いることにより、データを送付するコンピュータとアプリケーションを指定することができます。

また、送付先のコンピュータに情報をどのような通信経路で送るのがよいのか判断する必要があります。インターネットでは、いつもきまった経路で情報を送るのではなく、その時々で、空いている経路を使用して送るようにしています。そのための経路選択（**ルーティング**と呼んでいます）が必要になります。これらの機能を行うのは、OSIでは第3層の**ネットワーク層**ですが、インターネットでは、このプロトコルを、特に**IP**と呼んでいます。ルーティングは、実際には、**ルータ**が行います。

TCP（Transmission Control Protocol）

IP（Internet Protocol）

ルータは、通常、インターネットに接続されるLANごとに設置されます。最初、送付元のルータが次に送るべきルータを決定し、順送りに、各ルータが送付先までの経路を決定していきます。LANの接続に対してOSIのすべての層をカバーする機能を持った**ゲートウェイ**（Gateway）もあります。

❺-③ SMTP/POP3

インターネットでは、電子メールが広く利用されています。SMTPは、メールを送信するときのプロトコルです。送信者が作成したメールは、クライアントコンピュータから送信側のメールサーバに送られます。メールサーバはメールが指定した受信者のアドレスを解読し、ネットワークを介して、受信側のメールサーバにメールを送ります。これらの作業は、SMTPのプロトコルに従って行われます。

POP3はメールを受信するときのプロトコルです。受信側のメールサーバから受信者のクライアントコンピュータにメールを送るとき、POP3のプロトコルに従って行われます。

SMTP（Simple Mail Transfer Protocol）
POP3（Post Office Protocol Version 3）

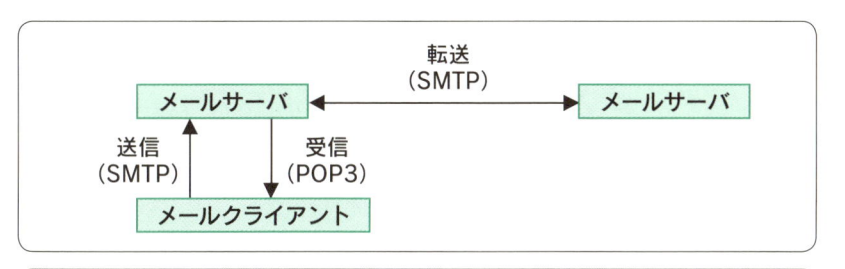

図13.2 メールの送受信のプロトコル

❺-④ その他のプロトコル

HTTPは、ハイパーテキストという特定の形式の情報をインターネット上で転送するためのプロトコル（通信規約）でした。また、IPアドレスを自動的に割り振るDHCP、ドメイン名をIPアドレスに変換するDNS、大量のファイルデータを伝送するときのFTPなどもプロトコルとして位置づけられます。これらは、OSIの5～7層に該当するプロトコルで、情報自体の伝達に関する規約です。

インターネット上の種類の異なるすべてのコンピュータが、TCP/IPの手順にそうことにより、インターネットでの情報の転送が可能になります。

この章のまとめ

1. インターネットでは、特定のコンピュータを指定するためにIPアドレスを用いる。
2. IPアドレスは、通常、32ビットで構成され、コンピュータごとに固有の値を持つ。
3. ドメイン名は、人間が理解しやすい文字を使用して、インターネット上の特定のコンピュータを指定する。
4. DNSは、ドメイン名をIPアドレスに変換する。
5. ハイパーメディアは、インターネット上の標準文書ファイル形式であり、文字、画像、音声データ、他のページへのリンク機能を含み、マークアップ言語で作成する。
6. URLは、検索したい情報を持っているページの所在場所を指定する。
7. ネットワークシステムで情報の伝達を行う時は、送信側と受信側が共通に守る規則が必要である。この規約を通信プロトコル（通信規約）と呼ぶ。OSI参照モデルは、国際的に標準化された通信プロトコルである。
8. TCP/IPはインターネット用のプロトコルの総称である。OSIの全階層をカバーする。
9. TCPは、インターネット用のプロトコルでOSIトランスポート層に該当する。
10. IPは、インターネット用のプロトコルでOSIのネットワーク層に該当する。
11. HTTPは、ハイパーメディアを転送するときの通信規約（プロトコル）である。

練　習　問　題

問題1　インターネット上で、特定のコンピュータを指定するものとしてIPアドレスとドメイン名があります。両者の違いを簡潔に説明してください。

問題2　ハイパーメディアに関する次の記述で、正しいものには○、正しくないものには×を付けてください。
(1)　文字と画像データは扱えるが音声データは扱えない。
(2)　他のページへのリンクができる。
(3)　HTMLでは作成できない。
(4)　文字、画像、音声データを扱うことができ、他のページへのリンクもできる。

問題3　通信プロトコルに関する下記の文章の（　）内に適切な用語を記入しなさい。
(1)　通信プロトコルは、ネットワーク上で送信側と受信側がともに守らなければならない（　a　）である。世界的な標準としてISOが設定した（　b　）がある。
(2)　インターネットでは、送信する情報の冒頭に送信先のIPアドレスを付加したり、ネットワーク上の送信経路を選択したりする必要がある。これらの作業を行うプロトコルが（　c　）である。（　c　）は（　b　）の（　d　）層に該当する。
(3)　インターネット上で、情報は、通常、（　e　）と呼ばれる小さなかたまりに分割して送信する。（　e　）に分割したり、元の情報に復元したりするプロトコルが（　f　）である。（　f　）は（　b　）の（　g　）層に該当する。

第14章

情報セキュリティの重要性を認識しよう

教師：パソコンで、普段使っているプログラムやデータが急におかしくなったことはない？

学生：ときどきありますよ。

教師：何が原因でそうなると思う？

学生：よくわかりません。

教師：普段使っているプログラムやデータは、壊れないように安全に保護してほしいよね。でも結構安全を脅かす脅威にさらされているんだ。

学生：なんとかならないのですか。

教師：今回はその問題について検討してみよう。

この章で学ぶこと

1　情報セキュリティ管理の必要性を理解する。
2　プログラムやデータの安全を脅かす要因について検討する。
3　コンピュータウイルスの種類と安全対策を考える。
4　プログラムやデータの安全保護対策について知る。
5　暗号化技術について理解する。

14.1 情報セキュリティ管理の必要性

今日の情報化社会では、情報は重要な資産です。コンピュータで処理するデータやそれを生み出すためのプログラムは、社会や企業あるいは個人の大切な資産です。これらの資産が盗用されたり、改ざん、破壊されたりすると、その影響は甚大です。そのため、プログラムやデータは、安全に保護する必要があります。これがセキュリティ管理です。**セキュリティ管理**は、**安全保護管理**とも呼ばれます。

インターネットの時代では、世界中のコンピュータが更新可能です。それだけに、プログラムやデータの安全はいつ脅かされるかわかりません。安全を保護するためには対策が必要になります。対策を考えるためには、まずプログラムやデータの安全を脅かす要因について知ることが重要です。

> たとえば、預金システムのデータベースで管理されている口座データが改ざんされたり、破壊されたりしたら、その銀行だけの問題ではなく、社会的に大きな影響を及ぼすのは、容易に想像できます。

14.2 脅威と脆弱性

> ● プログラムやデータの安全を脅かす脅威として、人的、技術的、物理的要因がある。

プログラムやデータの安全を脅かすものとして、人的な要因、技術的な要因、物理的な要因が考えられます。

A 人的要因

人間がコンピュータの管理している情報を悪用することを**ソーシャルエンジニアリング**と言います。ソーシャルエンジニアリングの一つとして、コンピュータが保管しているデータを破壊したり、改ざんしたりする行為があります。このような違法行為を**クラッキング**と言います。またこのような行為をする人を**クラッカー**と呼んでいます。悪意がなくても、人間の**誤操作**により、データが破壊されたり、改ざんされたりすることもあります。

また情報を盗み、第三者に**漏えい**するという行為もあります。さら

に、パスワードの入力時に**盗み見**し、盗んだIDやパスワードを使用して正規のユーザに**なりすまし**、コンピュータを悪用するなどの行為もあります。

B 技術的要因

悪意を持ったソフトウェアを知らないうちにコンピュータに侵入させ、プログラムやデータを破壊してしまう行為もあります。このような悪意を持ったソフトウェアを総称して**マルウェア**と呼んでいます。マルウェアの代表的なもとしてコンピュータウイルス（以下ウイルスと略す）があります。ウイルスに関しては次節（14.2）で詳しくとりあげます。ウイルス以外にプログラムやデータを脅威にさらす技術的要因としては、**スパイウェア**や**フィッシング詐欺**があります。また、**DoS攻撃**や**メール爆弾**、**スパムメール**などの被害を受けることもあります。

C 物理的要因

地震、火災、水害などの自然災害によって、コンピュータ自身やプログラム、データが使用不能になることがあります。また、人為的にコンピュータを破壊する行為もあります。

> スパイウェア：コンピュータの内部からインターネット上に個人情報などを送り出すソフトウェア。
> フィッシング詐欺：企業名を騙ってメールを送信し、受信者のクレジットカード番号などを不正に入手すること。
> DoS（Denial of Service）攻撃：特定のサーバに故意に大量のデータを送り処理不能にすること。
> メール爆弾：メールサーバに故意に大量のデータを送り処理不能にすること。
> スパムメール：手に入れたメールアドレスに向けて無差別に大量の営利目的のメールを送ること。

14.3 ウイルス

インターネットに接続した企業内システムや個人のパソコンで、外部とプログラムやデータのやり取りをすることが多くなっています。その分、外部からウイルスが侵入する可能性が高くなっています。**ウイルス**とは、正常なプログラムやデータに対し、故意に障害を発生させるソフトウェアのことです。ウイルスは、いろいろな形で、正常に稼動しているコンピュータシステムに侵入し、プログラムやデータを破壊します。

A　ウイルスの種類

ウイルスには、自己伝染機能、潜伏機能、発病機能を持ったものがあります。**自己伝染機能**とは、正常に稼動しているプログラムにウイルス自身をコピーすることで、正常プログラムを悪性プログラムに変えてしまうことです。**潜伏機能**とは、ウイルスによる障害機能を、特定時刻や一定時間あるいは処理回数などの条件を満たすまで潜伏させておき、条件を満たしたときに発病させることです。**発病機能**とは、プログラムやデータを破壊したり、業務とは関係のない無意味な情報を画面に表示したりすることです。ウイルスは、これらの機能を一つ以上持っています。

> たとえば、ボットと呼ばれるウイルスは、悪意をもった攻撃者により、インターネット上のPCを外部から遠隔操作し、いろいろな迷惑行為を行います。

実際には、パソコンなどのアプリケーションソフトウェアのマクロ機能を悪用し、ワープロや表計算で作成された文書を開くときに、正常な文書に感染し、障害を発生させるウイルスがあります。このタイプのウイルスを**マクロウイルス**と呼んでいます。また、プログラムの実行時に、他のアプリケーションソフトやOSなどの基本ソフトウェアに感染し、発病させるウイルスもあります。

B　ウイルスの感染経路

ウイルスはいろいろな経路で侵入してきます。一般的なのは、電子メールの添付ファイルやインターネットのウェブページの閲覧、外部からのファイルの持ち込みなどから感染します。

C　ウイルス対策

ウイルスに対する対策としては、不正な侵入そのものを防ぐ方法と、侵入してきたウイルスを検知、駆除する方法があります。

ウイルス対策として有効なのは、なんと言っても、不正な侵入そのものを防ぐという予防措置です。この方法としては、**ファイアウォール**の設置や**フィルタリング**機能を持ったソフトウェアの導入などがあります。フィルタリングとは、ウイルスに感染したウェブページなど有害な情報の参照を防ぐ機能です。

それでもウイルスが侵入してしまったときは、早期に発見し、駆除

する必要があります。そのための各種ウイルス対策ソフトウェアが製品化されています。これらのソフトウェアは、既知のウイルスをファイルに登録しておき、それを参照しながら、ウイルスに感染していないかを調べます。感染していれば、それを駆除します。

ウイルス対策ソフトウェアは、侵入予防の機能も持っています。新規購入プログラムの導入時に、そのプログラムにウイルスが侵入しているかどうかをチェックし、ウイルスが見つかれば駆除してくれます。

ただ、最近は、ウイルスファイルに登録されていない新種のウイルスがどんどん発生し、これらに対応できるよう、ウイルス対策ソフトウェアも随時更新されています。そのため、一度導入したウイルス対策ソフトウェアも常に更新する必要があります。

14.4 安全保護対策

プログラムやデータの安全を保護するために、いろいろな方法が実施されています。それらの方法を大別すると、物理的な方法と論理的な方法に分けることができます。

> ● プログラムやデータの安全を保護する対策は、物理的なものと論理的なものに分けられる。

A 物理的な安全保護対策

物理的な安全保護とは、物理的な物を使用した安全保護です。たとえば、プログラムやデータが保管されている部屋のカギをかけたり、コンピュータ室への入室時に**生体認証**で正規の担当者であることを確認して安全を確保するやり方です。火災探知機やスプリンクラーを設置することもあります。プログラムやデータは、故意に盗用されたり、破壊されたりする可能性のほかに、火事や水害などの自然災害で破壊されることもあるので、そのための対策も必要になるのです。

また、ハードウェアの機能を利用する方法もあります。データの保存されている磁気ディスクや磁気テープの書き込み禁止機能を利用す

生体認証：指紋や静脈など個別の身体的特徴を認識、照合することで本人であることを確認する。**バイオメトリックス認証**ともいう。銀行のATMなどでも利用されている。

ると、故意やミスによるデータの改ざんや破壊を防げます。

　これらの方法のほかに、データの**バックアップ**を取り、データが何らかの事情で破壊されたとき、バックアップを用いてもとの状態に回復させることも行われます。バックアップの取り方は、一定期間ごとに定期的に取る方法や、プログラム実行時に同じデータを二つのデータベースに同時に書き込んでいく**ミラーリング**と呼ばれる方法などがあります。

Ｂ　論理的な安全保護対策

　論理的な安全保護とは、プログラムやデータの利用面から配慮した安全保護です。プログラムやデータを利用する際に、正しい利用者か不正な利用者かを識別する方法を設定したり、本人であることを確認したりします。また、データをアクセスするときに、許可された範囲内でアクセスしているかどうかをチェックして、不正なアクセスが行われないように監視します。さらに、データベースのデータの整合性を管理し、データベースのデータが常に正しい状態に保たれるようにします。データの整合性は、データベース管理システム（第11章）が管理します。

ⓑ-①　正しい利用者の識別

　正しい**利用者の識別コード（利用者ID）**を、あらかじめシステムに登録しておき、システムにログインするときに、正しい利用者IDを入力させ、それを識別させます。

ⓑ-②　本人であることの確認

　正しい利用者IDを本人ではなく、他人が使用すれば、不正なアクセスが行われる可能性が出てきます。そのため、本人であることを確認する必要があります。そのために、本人しか知らない**暗証番号（パスワード）**を設定し、システム使用時に利用者IDとともに入力させ、本人であることを確認します。

ⓑ-③　アクセスの許可

　データベースのデータに対して、正しい使い方がされているかどうかをチェックするために、データベースの利用者に、あらかじめ権限

パスワードは、本人しか知らないことが重要です。他人に知られないようにするため、次のような配慮が要求されます。
・生年月日など他人が推測できるようなものにしない。
・手帳などに書いておかない。
・一定期間ごとにパスワードを変更させるようにする。

を付与し、その権限外のアクセスができないように、システムをコントロールします。

権限付与は、データベースのファイル（表）データに対し、参照、更新、追加、削除ごとに行います。権限付与は、関係データベースでは、SQL（第11章）を用いて行います。権限付与によって、データベースに対する不正なアクセスを防ぎます。安全保護対策をまとめると表14.1のようになります。

表14.1 安全保護対策のまとめ

タイプ	方法	機能
物理的	部屋にカギ、生体認証	不正侵入者防御
	火災探知機、スプリンクラー設置	火災対策
	補助記憶装置の書込み禁止機能	故意、ミスによるデータの破壊防御
	バックアップ	障害回復
論理的	利用者ID	正しい利用者の識別
	パスワード	本人であることの確認
	権限付与	アクセスの許可

> 権限付与の例として、「人事」表のデータを「参照する」権限を利用者ID「ユーザ1」に付与するには、次のようなSQLで行います。
> GRANT SELECT ON 人事 TO ユーザ1
> この場合、参照権限は付与されますが、その他の更新、追加、削除のアクセスはできないことになります。

C ネットワークの安全保護

従来、企業内システムは、それ独自で独立した存在でしたが、インターネットの普及に伴い、外部のシステムとネットワークを介して接続されることが普通になっています。そのため、外部からの不正侵入によるデータの漏洩や改ざん、破壊に対する安全保護対策が必要になります。

この対策として、ファイアウォール（防火壁）の設置が行われます。**ファイアウォール**とは、インターネットに接続された企業システムへの外部からの不正侵入を防止するためのシステムです。実際には、インターネットと企業システムの間に、**プロキシサーバ（代理サーバ）**と呼ばれるコンピュータを設置して行う方法がよく採用されます。インターネットと企業システムのやりとりは、すべてプロキシサーバを介して行います。不正アクセスは、プロキシサーバがチェックし、結果として、企業システムを外部から見えないようにします。

一方、インターネット上でやり取りされるデータの安全保護のために暗号化技術などが用いられます。

D 暗号化技術

インターネット上のデータが盗用され、なりすましなどの犯罪に使用される可能性があります。このような犯罪行為を防ぐために、通常、インターネット上では、データを暗号化して送ります。暗号化は、次のような手順で行います（図14.1）。

① データの送信側が**平文**を**暗号鍵**で**暗号文**に変える。
② ネットワークを介して暗号文を受信側に送る。
③ 受信側は**復号鍵**を用いて暗号文を平文に戻す。

> 平文：もとのデータ
> 暗号文：暗号化されたデータ
> **暗号化**：平文を暗号文に変換
> **復号化**：暗号文を平文に戻す
> 暗号鍵：平文を暗号文に変えるための鍵
> 復号鍵：暗号文を平文に戻すための鍵

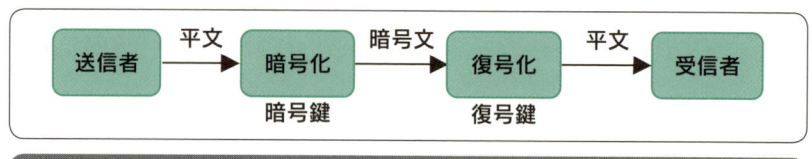

```
送信者 ─平文→ 暗号化 ─暗号文→ 復号化 ─平文→ 受信者
              暗号鍵           復号鍵
```

図14.1　暗号化の仕組み

暗号化の方式は、送信側と受信側が使用する鍵の種類によって共通鍵暗号方式と公開鍵暗号方式に分けられます。

d-① 共通鍵暗号方式

共通鍵暗号方式では、暗号鍵と復号鍵は同じものを使用します。第三者に対して鍵は秘密にしておきます。そのため、**秘密鍵暗号**方式とも言います。送信側と受信側が1対1でデータのやり取りを行い、第三者に知られたくないときに使用します。

> たとえば、企業と企業の1対1の取引などに適しています。

d-② 公開鍵暗号方式

公開鍵暗号方式では、暗号鍵と復号鍵は異なるものを使用します。その場合、暗号鍵は公開し、復号鍵は秘密にしておきます。

暗号鍵は公開されるので、送信側の誰でも使用できます。復号鍵は受信側だけしかわからないようにしておきます。

この方式は、特定の企業が多数の顧客を相手に行うオンラインショッピングなどに適しています。

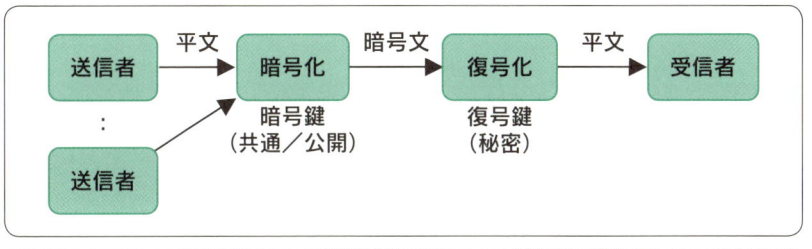

図 14.2　公開鍵暗号方式

d-③　ディジタル署名

ディジタル署名（電子署名） は、送信者が本人であることを証明します。ディジタル署名を用いることにより、第三者が当事者になりすまし、通信相手をだます「なりすまし」犯罪を防ぐことができます。

ディジタル署名では、公開鍵暗号方式を用います。ただ、送信側が秘密鍵、受信側が公開鍵を使用します。一般的な公開鍵方式とは、公開鍵と秘密鍵の使用が逆になっています。正当な送信者が、本人しか知らない秘密鍵を使用して、送信データとともに、本人情報を暗号化して送ります。受信者は、送信者が公開した鍵を用いて復号化し、正当な送信者を確認します。なりすましを防ぐには、送信者が正当な本人であることを確認できれば目的は達成されます。

オンラインショッピングでは、多くの顧客は公開された共通の暗号鍵を使用して暗号化された注文データを販売会社に送ります。そのデータは販売会社だけが秘密の復号鍵を使用して平文に戻すことができます。第三者が盗み見することはできません。
この方式では、すべての顧客に対して一つの共通の暗号鍵だけで処理できることになります。共通鍵方式を使用すれば、顧客の数だけの暗号鍵が必要になり、現実的ではありません。

この章のまとめ

1. 情報化社会の重要な資産である情報は、安全に保護する必要がある。
2. プログラムやデータは、いろいろな脅威にさらされている。

    人的脅威：ソーシャルエンジニアリング

    技術的脅威：ウイルス

    物理的脅威：自然災害、人的破壊
3. ウイルスには、自己伝染機能、潜伏機能、発病機能を持ったものがある。
4. ウイルス対策としては、ファイアウォール、ウイルス対策ソフトウェアの導入が必要である。
5. プログラムやデータの安全を保護する対策は、物理的なものと論理的なものに分けられる。

    物理的対策：施錠、生体認証、データの書込み禁止、バックアップ

    論理的対策：利用者ID、パスワード、アクセス権限
6. インターネット上のデータが盗用されないようにするために、データの暗号化が必要である。
7. 暗号化技術として、共通鍵暗号方式、公開鍵暗号方式、ディジタル署名などがある。

    共通鍵暗号方式：同一の暗号鍵（秘密）と復号鍵（秘密）（1対1の通信）

    公開鍵暗号方式：異なる暗号鍵（公開）と復号鍵（秘密）（多対1の通信））

    ディジタル署名：送信者が本人であることの確認、異なる暗号鍵（秘密）と復号鍵（公開）

練 習 問 題

問題1　パスワードに関する取り扱いとして、適切なものを一つあげなさい。
　ア　パスワードは、忘れないように、自分の生年月日や1234といったすぐ思い出せるものを設定するのが望ましい。
　イ　パスワードは、混乱をまねかないように、一度設定したら、できるだけ変更しないようにする。
　ウ　パスワードは、忘れるとシステムが使えなくなるので、手帳などに書いておくよう心がけることが大切である。
　エ　パスワードは有効期限を設定し、適時変更することが望ましい。

問題2　コンピュータウイルスに関する次の記述のなかから適切なものを一つ選びなさい。
　ア　ウイルスは、インターネット経由で感染するので、インターネットに接続していないパソコンが感染することはない。
　イ　ネットワークを介して入手した第三者のプログラムは、ウイルス対策ソフトでウイルスのないことを確認してから動作させるべきである。
　ウ　電子メールに添付されている文書ファイルが感染経路になることはない。
　エ　ウイルスは、外部からのプログラムの持ち込み時に侵入するので、インターネットのウェブページの閲覧で、ウイルスに感染することはない。

問題3　次の文章の空欄に適切な用語を入れなさい。
　(1)　プログラムやデータを破壊してしまうような悪意を持ったソフトウェアを総称して（　a　）という。（　a　）の代表的なものとして（　b　）がある。
　(2)　共通鍵暗号方式は、同じ（　c　）と（　d　）を使用し、共に（　e　）にしておく。（　f　）は、異なる暗号鍵と復号鍵を使用し、一方を（　g　）、他方を（　h　）にする。

第15章
総合演習

教師：最終回は、いままで説明してきたことが十分理解できているかどうかを確認するために、総合演習を行おう。
学生：できるかなあ。
教師：情報技術者の国家試験があるのは知っているだろう。
学生：知っていますよ。何か資格を取っておいたほうが、就職試験に有利になると思うので、調べました。まずは、ITパスポート試験に挑戦してみようかな。
教師：この科目の内容は、基本的に、ITパスポート試験のシラバスのテクノロジー系に沿っているので、この総合演習ができれば、かなり自信が持てると思うよ。
学生：じゃ、頑張ってみよう。

この章で学ぶこと
1. 第1章から第14章までに学んだことが理解できたことを確認する。
2. 情報技術者の国家試験であるITパスポート試験に挑戦する準備をする。

15.1 情報処理技術者試験

情報処理技術者試験は、経済産業省が情報処理技術者としての「知識・能力」の水準がある程度以上であることを認定している国家試験です。情報システムを構築・運用する「技術者」から情報システムを利用する利用者まで、ITに関係するすべての人を対象にした試験です。

試験の目的は、

① 情報処理技術者に目標を示し、情報処理技術の向上を図ること
② 情報技術を利用する企業、官庁などが情報処理技術者の採用を行う際に役立つ客観的な評価尺度を提供すること
③ それを通じて情報処理技術者の社会的地位の確立を図ることなどが挙げられています。

試験は、基礎から高度な技術まで、技術のレベルや職種によっていろいろなものが用意されています。たとえば、技術レベルを基礎から高度にそって1～4までに分け、レベルごとに次のような試験が用意されています。

レベル1：「ITパスポート試験」
レベル2：「基本情報技術者試験」
レベル3：「応用情報技術者試験」
レベル4：「データベーススペシャリスト試験」
　　　　　「ネットワークスペシャリスト試験」
　　　　　「プロジェクトマネージャ試験」など

このうち、レベル1の「**ITパスポート試験**」は、平成21年度から新設されたものです。それまでは「**初級システムアドミニストレータ試験**」（平成21年度秋期から廃止）として、初めてITを学ぶ学生に、特に親しまれてきました。他の試験に比べて合格率も高く、毎年多くの受験者で賑わっている試験です。

このテキストで扱っている内容は、基本的に「ITパスポート試験」の出題範囲を規定しているシラバスに準拠しており、第1章から第14章までを学ぶことにより、シラバスのテクノロジー系で要求して

いることをほぼカバーしています。

　この章では、平成 20 年～令和 3 年にかけて「初級システムアドミニストレータ試験」、「IT パスポート試験」で出題された試験問題のうち、特に、このテキストの内容に関連しているものを抜粋し、載せてあります。学習成果を確認する意味からも、ぜひ挑戦してみてください。なお、情報処理技術者試験の詳細に関しては、インターネットにより、**情報処理推進機構（IPA）** のホームページで参照することで知ることができます。

15.2　総合演習

解決のヒント

問題1　第2章
表2.1 参照

問題 1（平成 20 年度秋期　初級システムアドミニストレータ試験　問 6）

　業務上、カーボン紙による 2 枚複写印刷が必要な場合、選択すべきプリンタはどれか。

　　ア　インクジェットプリンタ　　　　イ　インパクトプリンタ
　　ウ　感熱式プリンタ　　　　　　　　エ　レーザプリンタ

問題2　第3章
3.2 参照

問題 2（平成 21 年度秋期　IT パスポート試験　問 72）

　コンピュータを構成する一部の機能の説明として、適切なものはどれか。

　　ア　演算機能は制御機能からの指示で演算処理を行う。
　　イ　演算機能は制御機能、入力機能及び出力機能とデータの受渡しを行う。
　　ウ　記憶機能は演算機能に対して演算を依頼して結果を保持する。
　　エ　記憶機能は出力機能に対して記憶機能のデータを出力するように依頼を出す。

問題3　第3章
3.4 参照

問題 3（平成 29 年度春期　IT パスポート試験　問 70）

　機械語に関する記述のうち、適切なものはどれか。

　　ア　Fortran や C 言語で記述されたプログラムは、機械語に変換さ

第15章　総合演習

れてから実行される。

イ　機械語は、高水準言語の一つである。

ウ　機械語は、プログラムを10進数の数字列で表現する。

エ　現在でもアプリケーションソフトの多くは、機械語を使ってプログラミングされている。

問題 4（令和3年度　ITパスポート試験　問90）

CPUのクロックに関する説明のうち、適切なものはどれか。

ア　USB接続された周辺機器とCPUの間のデータ転送速度は、クロックの周波数によって決まる。

イ　クロックの間隔が短いほど命令実行に時間が掛かる。

ウ　クロックは、次に実行すべき命令の格納位置を記録する。

エ　クロックは、命令実行のタイミングを調整する。

問題4　第4章　4.1
Ⓑ ⓑ-①参照

問題 5（平成29年度春期　ITパスポート試験　問92）

CPUのキャッシュメモリに関する説明のうち、適切なものはどれか。

ア　キャッシュメモリのサイズは、主記憶のサイズよりも大きいか同じである。

イ　キャッシュメモリは、主記憶の実効アクセス時間を短縮するために使われる。

ウ　主記憶の大きいコンピュータには、キャッシュメモリを搭載しても効果はない。

エ　ヒット率を上げるために、よく使うプログラムを利用者が指定して常駐させる。

問題5　第4章　4.2
Ⓐ ⓐ-④キャッシュメモリ参照

問題 6（令和2年度　ITパスポート試験　問79）

次の①～④のうち、電源供給が途絶えると記憶内容が消える揮発性のメモリだけを全て挙げたものはどれか。

① DRAM

② ROM

問題6　第4章　4.3
表4.1参照

③　SRAM

④　SSD

ア①、②　　イ①、③　　ウ②、④　　エ③、④

問題 7（平成30年度秋期　ITパスポート試験　問79）

8ビットの2進データXと00001111について、ビットごとの論理積をとった結果はどれか。ここでデータの左方を上位、右方を下位とする。

ア　下位4ビットが全て0になり、Xの上位4ビットがそのまま残る。
イ　下位4ビットが全て1になり、Xの上位4ビットがそのまま残る。
ウ　上位4ビットが全て0になり、Xの下位4ビットがそのまま残る。
エ　上位4ビットが全て1になり、Xの下位4ビットがそのまま残る。

> 問題7　第5章　5.4
> ⓒ参照
> 論理積は一方が0であれば、他方が0,1の如何を問わず0になる。

問題 8（令和2年度　ITパスポート試験　問62）

10進数155を2進数で表したものはどれか。

ア　10011011　　イ　10110011　　ウ　11001101　　エ　11011001

> 問題8　第5章　5.1
> ⓑ参照

問題 9（平成29年度秋期　ITパスポート試験　問98）

次のベン図の網掛けした部分の検索条件はどれか。

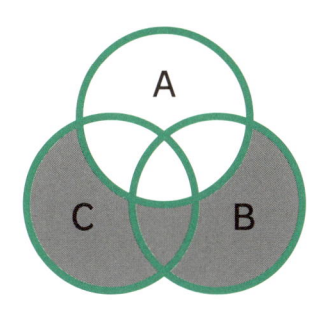

> 問題9　この問題で網掛けした部分は、図からAでなく（not A）、Bまたは（or）Cである部分であることがわかる。

ア　(not A) and (B and C)　　　　イ　(not A) and (B or C)
ウ　(not A) or (B and C)　　　　エ　(not A) or (B or C)

問題 10（平成31年度春期　ITパスポート試験　問71）

図1のように二つの正の整数A1、A2を入力すると、二つの数値B1、B2を出力するボックスがある。B1はA2と同じ値であり、B2は

> 問題10　ボックスは実際には論理回路ですが、回路の中身を考える必要はなく入力と出力の関係だけ理解できれば十

A1をA2で割った余りである。図2のように、このボックスを2個つないだ構成において、左側のボックスのA1として49、A2として11を入力したとき、右側のボックスから出力されるB2の値は幾らか。

```
A1 ─→ ┌─────────────┐ ─→ B1
       │ A2→B1       │
A2 ─→ │ A1/A2の余り→B2│ ─→ B2
       └─────────────┘
            図1
```

```
49 ─→ ┌──────┐ ─→ ┌──────┐ ─→ B1
11 ─→ │      │ ─→ │      │ ─→ B2
       └──────┘     └──────┘
              図2
```

ア 1   イ 2   ウ 4   エ 5

分です。前方のボックスの二つの出力の値を計算できれば、それが後方のボックスの入力になり、それをもとに後方のボックスで行った計算を再度行えば答がえられます。

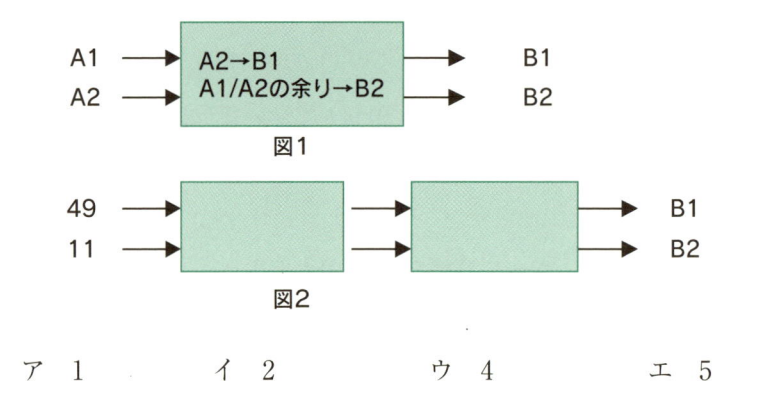

問題 11 (令和3年度 ITパスポート試験 問89)

情報の表現方法に関する次の記述中の a ～ c に入れる字句の組合せはどれか。

情報を、連続する可変な物理量(長さ、角度、電圧など)で表したものを a データといい、離散的な数値で表したものを b データという。音楽や楽曲などの配布に利用されるCDは、情報を c データとして格納する光ディスク媒体の一つである。

	a	b	c
ア	アナログ	ディジタル	アナログ
イ	アナログ	ディジタル	ディジタル
ウ	ディジタル	アナログ	アナログ
エ	ディジタル	アナログ	ディジタル

問題11 第6章 6.4
および第7章 7.3参照

問題 12 (平成21年度春期 ITパスポート試験 問66)

アナログ音声信号をディジタル化する場合、元のアナログ信号の波形に、より近い波形を復元できる組合わせはどれか。

	サンプリング周期	量子化の段階数
ア	長い	多い
イ	長い	少ない
ウ	短い	多い
エ	短い	少ない

問題12 第6章 6.4
Ⓐ ⓐ-②参照

問題 13　第 6 章　6.5
ⓓ参照

問題 13（平成 21 年度春期　IT パスポート試験　問 78）

マルチメディアのファイル形式である MP3 はどれか。

ア　G4 ファクシミリ通信データのためのファイル圧縮形式
イ　音声データのためのファイル圧縮形式
ウ　カラー画像データのためのファイル圧縮形式
エ　ディジタル動画データのためのファイル圧縮形式

問題 14　第 7 章　7.3
ⓑ参照

問題 14（平成 26 年度秋期　IT パスポート試験　問 65）

CD-R の記録層にデータを書き込むために用いられるのはどれか。

ア　音　　　　イ　磁気　　　　ウ　電気　　　　エ　光

問題 15　第 4 章　4.3
ⓑおよび 7.4 参照

問題 15（令和元年度秋期　IT パスポート試験　問 60）

コンピュータの記憶階層におけるキャッシュメモリ、主記憶及び補助記憶と、それぞれに用いられる記憶装置の組合せとして、適切なものはどれか。

	キャッシュメモリ	主記憶	補助記憶
ア	DRAM	HDD	DVD
イ	DRAM	SSD	SRAM
ウ	SRAM	DRAM	SSD
エ	SRAM	HDD	DRAM

問題 16　第 8 章　8.2
ⓑ ⓑ - ①参照

問題 16（平成 26 年度秋期　IT パスポート試験　問 62）

コンピュータ内部において、CPU とメモリの間や CPU と入出力装置の間などで、データを受け渡す役割をするものはどれか。

ア　バス　　　　イ　ハブ　　　　ウ　ポート　　　　エ　ルータ

問題 17　第 8 章　8.2
ⓒ ⓒ - ①参照
赤外線規格

問題 17（平成 20 年度春期　初級システムアドミニストレータ試験　問 4）

携帯電話同士でアドレス帳などのデータ交換を行う場合に使用される、赤外線を用いるデータ転送の規格はどれか。

ア　IEEE1394　　　イ　IrDA　　　ウ　PIAGS　　　エ　RS-232C

第15章 総合演習

問題 18 （平成21年度春期　初級システムアドミニストレータ試験　問4）

多くの周辺機器を、ハブを使ってツリー状に接続できるインタフェース規格はどれか。

ア　IDE　　　イ　RS-232C　　　ウ　SCSI　　　エ　USB

問題18　第8章　8.2
Ⓐ ⓐ-②-①参照

問題 19 （平成21年度秋期　ITパスポート試験　問61）

コンピュータシステムが単位時間当たりに処理できるジョブやトランザクションなどの処理件数のことであり、コンピュータの処理能力を表すものはどれか。

ア　アクセスタイム　　　　　イ　スループット
ウ　タイムスタンプ　　　　　エ　レスポンスタイム

問題19　第9章　9.2
Ⓑ ⓑ-①参照

問題 20 （平成22年度春期　ITパスポート試験　問76）

OSが、ジョブの到着順に、前のジョブが終わってから次のジョブを処理する場合について考える。ジョブの到着時刻と処理時間が表のとおりであるとき、ジョブ4は到着してからその処理が終了するまでに何秒を要するか。ここで、四つのジョブ以外の処理に要する時間は無視できるものとする。表の到着時間は、ジョブ1が到着した時刻を開始時刻とする。

	到着時刻	処理時間
ジョブ1	0秒後	3秒
ジョブ2	4秒後	4秒
ジョブ3	5秒後	3秒
ジョブ4	7秒後	5秒

ア　5　　　イ　8　　　ウ　9　　　エ　12

問題20　第9章　9.3
Ⓐ参照
ジョブ1とジョブ2の間に1秒の遊休時間があることに注意。

問題 21 （令和2年度　ITパスポート試験　問59）

仮想記憶を利用したコンピュータで、主記憶と補助記憶の間で内容の入替えが頻繁に行われていることが原因で処理性能が低下していることが分かった。この処理性能が低下している原因を除去する対策として、最も適切なものはどれか。ここで、このコンピュータの補助記

問題21　第9章　9.2
Ⓑ参照

憶装置は1台だけである。

ア　演算能力の高いCPUと交換する。

イ　仮想記憶の容量を増やす。

ウ　主記憶装置の容量を増やす。

エ　補助記憶装置を大きな容量の装置に交換する。

問題22　第9章　9.3
ⓒⓒ-④参照

問題 22 （平成26年度秋期　ITパスポート試験　問75）

あるWebサーバにおいて、五つのディレクトリが図のような階層構造になっている。このとき、ディレクトリBに格納されているHTML文書からディレクトリEに格納されているファイルimg.Jpgを指定するものはどれか。ここで、ディレクトリ及びファイルの指定は、次の方法によるものとする。

〔ディレクトリ及びファイルの指定方法〕

(1) ファイルは、"ディレクトリ名/…/ディレクトリ名/ファイル名"のように、経路上のディレクトリを順に"/"で区切って並べた後に"/"とファイル名を指定する。

(2) カレントディレクトリは"."で表す。

(3) 1階層上のディレクトリは".."で表す。

(4) 始まりが"/"のときは、左端にルートディレクトリが省略されているものとする。

(5) 始まりが"/"、"."、".."のいずれでもないときは、左端にカレントディレクトリ配下であることを示す"./"が省略されているものとする。

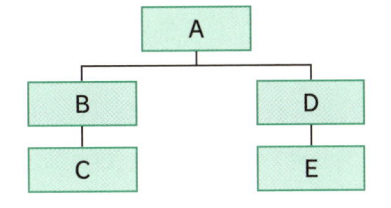

```
        A
       / \
      B   D
      |   |
      C   E
```

ア　../A/D/E/img.jpg　　　　イ　../D/E/img.jpg
ウ　./A/D/E/img.jpg　　　　 エ　./D/E/img.jpg

第15章 総合演習

問題 23 （平成29年度秋期　ITパスポート試験　問81）

コンピュータに対する命令を、プログラム言語を用いて記述したものを何と呼ぶか。

　ア　PINコード　　　　　イ　ソースコード
　ウ　バイナリコード　　　エ　文字コード

問題23　第10章
10.3　Ⓓⓓ-①参照

問題 24 （平成26年度秋期　ITパスポート試験　問74）

データベースの論理的構造を規定した論理データモデルのうち、関係データモデルの説明として適切なものはどれか。

　ア　データとデータの処理方法を、ひとまとめにしたオブジェクトとして表現する。
　イ　データ同士の関係を網の目のようにつながった状態で表現する。
　ウ　データ同士の関係を木構造で表現する。
　エ　データの集まりを表形式で表現する。

問題24　第11章
11.3　Ⓐ参照

問題 25 （平成31年度春期　ITパスポート試験　問92）

関係データベースを構築する際にデータの正規化を行う目的として、適切なものはどれか。

　ア　データに冗長性をもたせて、データ誤りを検出する。
　イ　データの矛盾や重複を排除して、データの維持管理を容易にする。
　ウ　データの文字コードを統一して、データの信頼性と格納効率を向上させる。
　エ　データを可逆圧縮して、アクセス効率を向上させる。

問題25　第11章
11.2　Ⓒ参照

問題 26 （令和元年度秋期　ITパスポート試験　問66）

関係データベースにおいて、主キーを設定する理由はどれか。

　ア　算術演算の対象とならないことが明確になる。
　イ　主キーを設定した列が検索できるようになる。
　ウ　他の表からの参照を防止できるようになる。

問題26　第11章
11.2　Ⓒ参照

エ　表中のレコードを一意に識別できるようになる。

問題 27（平成30年度春期　ITパスポート試験　問65）

問題27　第11章
11.3　Ⓓ参照

関係データベースの操作 a ～ c と、関係演算の適切な組合せはどれか。

a　指定したフィールド（列）を抽出する。
b　指定したレコード（行）を抽出する。
c　複数の表を一つの表にする。

	a	b	c
ア	結合	射影	選択
イ	射影	結合	選択
ウ	射影	選択	結合
エ	選択	射影	結合

問題 28（令和2年度　ITパスポート試験　問57）

問題28　第11章
11.3　参照
現在の満年齢は生年月日から導出できる

次に示す項目を使って関係データベースで管理する"社員"表を設計する。他の項目から導出できる、冗長な項目はどれか。

社員

社員番号	社員名	生年月日	現在の満年齢	住所	趣味

ア　生年月日　　イ　現在の満年齢　　ウ　住所　　エ　趣味

問題 29（令和3年度　ITパスポート試験　問95）

問題29　第11章
11.3　Ⓓ参照
結合の例。売上表で売上日が5月の行の商品コードを商品表の商品コードと結合させ、単価を調べる

関係データベースで管理された"商品"表、"売上"表から売上日が5月中で、かつ、商品ごとの合計額が20,000円以上になっている商品だけを全て挙げたものはどれか。

商品

商品コード	商品名	単価(円)
0001	商品A	2,000
0002	商品B	4,000
0003	商品C	7,000
0004	商品D	10,000

第15章　総合演習

売上

売上番号	商品コード	個数	売上日	配達日
Z00001	0004	3	4/30	5/2
Z00002	0001	3	4/30	5/3
Z00005	0003	3	5/15	5/17
Z00006	0001	5	5/15	5/18
Z00003	0002	3	5/5	5/18
Z00004	0001	4	5/10	5/20
Z00007	0002	3	5/30	6/2
Z00008	0003	1	6/8	6/10

ア　商品A、商品B、商品C

イ　商品A、商品B、商品C、商品D

ウ　商品B、商品C

エ　商品C

問題 30（令和2年度　ITパスポート試験　問64） 　　　問題30　第11章 11.4参照

データ処理に関する記述a～cのうち、DBMSを導入することによって得られる効果だけを全て挙げたものはどれか。

a　同じデータに対して複数のプログラムから同時にアクセスしても、一貫性が保たれる。

b　各トランザクションの優先度に応じて、処理する順番をDBMSが決めるので、リアルタイム処理の応答時間が短くなる。

c　仮想記憶のページ管理の効率が良くなるので、データ量にかかわらずデータへのアクセス時間が一定になる。

ア　a　　イ　a、c　　ウ　b　　エ　b、c

問題 31（令和2年度　ITパスポート試験　問63） 　　　問題31　第12章 12.3　ⓐ-②参照

記述a～dのうち、クライアントサーバシステムの応答時間を短縮するための施策として、適切なものだけを全て挙げたものはどれか。

a　クライアントとサーバ間の回線を高速化し、データの送受信時間を短くする。

b　クライアントの台数を増やして、クライアントの利用待ち時間を短くする。

c　クライアントの入力画面で、利用者がデータを入力する時間を短くする。
　d　サーバを高性能化して、サーバの処理時間を短くする。
　ア　a、b、c　　イ　a、d　　ウ　b、c　　エ　c、d

問題 32（平成30年度春期　ITパスポート試験　問64）

インターネットでURLが"http://srv01.ipa.go.jp/abc.html"のWebページにアクセスするとき、このURL中の"srv01"は何を表しているか。

ア　"ipa.go.jp"がWebサービスであること
イ　アクセスを要求するWebページのファイル名
ウ　通信プロトコルとしてHTTP又はHTTPSを指定できること
エ　ドメイン名"ipa.go.jp"に属するコンピュータなどのホスト名

問題 33（令和2年度　ITパスポート試験　問80）

HyperTextの特徴を説明したものはどれか。

ア　いろいろな数式を作成・編集できる機能をもっている。
イ　いろいろな図形を作成・編集できる機能をもっている。
ウ　多様なテンプレートが用意されており、それらを利用できるようにしている。
エ　文中の任意の場所にリンクを埋め込むことで関連した情報をたどれるようにした仕組みをもっている。

問題 34（令和元年度秋期　ITパスポート試験　問91）

ネットワークにおけるDNSの役割として、適切なものはどれか。

ア　クライアントからのIPアドレス割当て要求に対し、プールされたIPアドレスの中から未使用のIPアドレスを割り当てる。
イ　クライアントからのファイル転送要求を受け付け、クライアントへファイルを転送したり、クライアントからのファイルを受け取って保管したりする。
ウ　ドメイン名とIPアドレスの対応付けを行う。

エ　メール受信者からの読出し要求に対して、メールサーバが受信したメールを転送する。

問題 35（平成 22 年度春期　IT パスポート試験　問 64）

問題 35　第 13 章
13.4　Ⓑ ⓑ - ②参照

ルータの機能の説明として、適切なものはどれか。

ア　写真や絵、文字原稿などを光学的に読み込み、ディジタルデータに変換する。
イ　ディジタル信号とアナログ信号の相互変換を行う。
ウ　データの通信経路を制御し、ネットワーク間を中継する。
エ　ネットワークを利用して Web ページのデータ蓄積や提供を行う。

問題 36（平成 21 年度秋期　IT パスポート試験　問 69）

問題 36　第 13 章
13.4　Ⓑ ⓑ - ③参照

図のメールの送受信で利用されるプロトコルの組合わせとして、適切なものはどれか。

	①	②	③
ア	POP3	POP3	POP3
イ	POP3	SMTP	POP3
ウ	SMTP	POP3	SMTP
エ	SMTP	SMTP	SMTP

問題 37（令和 3 年度　IT パスポート試験　問 69）

問題 37　第 14 章
14.4　Ⓐ参照

バイオメトリクス認証における認証精度に関する次の記述中の a、b に入れる字句の適切な組合せはどれか。

バイオメトリクス認証において、誤って本人を拒否する確率を本人拒否率といい、誤って他人を受け入れる確率を他人受入率という。また、認証の装置又はアルゴリズムが生体情報を認識できない割合

を未対応率という。

認証精度の設定において、 a が低くなるように設定すると利便性が高まり、 b が低くなるように設定すると安全性が高まる。

	a	b
ア	他人受入率	本人拒否率
イ	他人受入率	未対応率
ウ	本人拒否率	他人受入率
エ	未対応率	本人拒否率

問題 38（平成30年度秋期　ITパスポート試験　問64）

プロキシサーバの役割として、最も適切なものはどれか。

ア　ドメイン名とIPアドレスの対応関係を管理する。
イ　内部ネットワーク内のPCに代わってインターネットに接続する。
ウ　ネットワークに接続するために必要な情報をPCに割り当てる。
エ　プライベートIPアドレスとグローバルIPアドレスを相互変換する。

問題 39（令和2年度　ITパスポート試験　問100）

電子メールにディジタル署名を付与して送信するとき、信頼できる認証局から発行された電子証明書を使用することに比べて、送信者が自分で作成した電子証明書を使用した場合の受信側のリスクとして、適切なものはどれか。

ア　電子メールが正しい相手から送られてきたかどうかが確認できなくなる。
イ　電子メールが途中で盗み見られている危険性が高まる。
ウ　電子メールが途中で紛失する危険性が高まる。
エ　電子メールに文字化けが途中で発生しやすくなる。

問題 40（令和2年度　ITパスポート試験　問97）

公開鍵暗号方式では、暗号化のための鍵と復号のための鍵が必要となる。4人が相互に通信内容を暗号化して送りたい場合は、全部で8個の鍵が必要である。このうち、非公開にする鍵は何個か。

ア　1　イ　2　ウ　4　エ　6

練習問題解答

第1章　練習問題（→ p.11）

問題①　ハードウェアは、基本的に、入出力、記憶、演算、制御機能しか行わない。ソフトウエアは、それらの機能を組み合わせて、データ処理の内容ごとに、独自のものが用意される。必要に応じて、それぞれのソフトウエアを実行することで、1台のコンピュータで種類の異なるデータ処理が可能になる。

問題②　データ加工：入力を出力に変換する。
　　　　データ保存：処理に必要なデータを記憶させておく。
　　　　データ伝送：データ処理から場所と時間の制約を解消する。

問題③　データ加工：入出力装置、プロセッサ
　　　　データ保存：主記憶装置、補助記憶装置
　　　　データ伝送：通信回線

問題④　主記憶装置に記憶されたプログラムとデータは、実行できる。補助記憶装置は保存するだけ。実行時に主記憶装置にロードする。

問題⑤　システムソフトウェアは、コンピュータの操作を容易にし、生産性を向上させる。アプリケーションソフトウェアは、それぞれの業務処理を行う。

第2章　練習問題（→ p.23）

問題①　直接入力：人間が手作業で入力。データ量が少ないとき。
　　　　間接入力：入力媒体（DVDなど）から入力。データ量多いとき。
　　　　媒体入力：データ記入用紙などからそのまま入力。データ量多いとき。入力媒体に
　　　　　　　　　データを入力する必要がない。

問題②　直接入力：キーボード、間接入力：DVD、媒体入力：OMR

問題③　インクジェットプリンタは1字ずつ印刷するのに対し、レーザプリンタは1ページごと印刷するため速い。

問題④　①消費電力が少ない。　②場所をとらない。

問題⑤　(1)×　(2)×　(3)○　(4)○

第3章　練習問題（→ p.35）

問題①　①入力装置　②制御装置　③主記憶装置　④演算装置　⑤出力装置

問題②　(1)制御装置　(2)主記憶装置　(3)演算装置

問題③　(a)　命令　(b)　オペレーション（または命令コード）

　　　　(c)　オペランド（またはアドレス）

第4章　練習問題（→ p.47）

問題①　(a)　命令サイクル　(b)　実行サイクル　(c)　クロック信号

　　　　(d)　周波数　(e)　速　(f)　クロックサイクル

問題②　$1/(3.2 \times 10^{12}) = 0.31 \times 10^{-12} = 0.31$ ナノ秒

問題③　主メモリ：実行するプログラムとデータを格納する。

　　　　キャッシュメモリ：アクセス時間を速くする。

　　　　レジスタ：データを格納し演算を行う。

問題④　$0.1 \times 0.8 + 1 \times 0.2 = 0.28$ 倍

問題⑤　(1)×　(2)○　(3)×　(4)○　(5)×

第5章　練習問題（→ p.61）

問題①　①　13　②　11　③　9

問題②　①　0111　②　1011　③　1111

問題③　①　00000011+00000110 = 00001001

　　　　②　00001000 -00000011 = 00000101

　　　　③　$3 \times (2+4) = 3 \times 2 + 3 \times 4$ = 00000110+00001100 = 00010010

　　　　④　00001001 → 00000100（右に1桁シフト）

問題⑤　論理和：1111、論理積：0110

第6章　練習問題（→ p.73）

問題①　(1)×　(2)○　(3)×　(4)○

問題②　11001110

問題③　500万 × 3 = 1500万 = 15M バイト

問題④　MP3―音楽／音声、JPEG―静止画、MPEG―動画

第7章 練習問題（→ p.86）

問題① (a) 磁気ディスク (b) 光磁気ディスク (c) FD (d) HDD (e) 光ディスク
(f) 読取専用型 (g) 書込型

問題② (1)○ (2)× (3)× (4)×

問題③ 2 × 80 × 26 × 1024 = 4,259,840 = 4.26M バイト

第8章 練習問題（→ p.97）

問題① (a) シリアルインタフェース (b) パラレルインタフェース
(c) シリアル (d) 集線装置（またはハブ） (e) 127
(f) パラレル (g) ディジーチェーン接続 (h) 7
(i) IrDA

問題② (1)× (2)○ (3)× (4)×

第9章 練習問題（→ p.109）

問題① (1)○ (2)○ (3)× (4)×

問題② (1)コンピュータの単位時間当たりの仕事量
(2)オンラインシステムで、要求を入力してから結果が出力されるまでの時間
(3)バッチシステムで、要求を入力してから結果が出力されるまでの時間

問題③ .. ¥B ¥F3

第10章 練習問題（→ p.121）

問題① 共通アプリケーションソフトウェア：さまざまな業務で共通に使用できるソフトウェア。ワープロソフトなど。
個別アプリケーションソフトウェア：個別の業務を遂行するためのソフトウェア。販売管理ソフトなど。

問題② (a)開発ツール (b)オープンソースソフトウェア
(c)ワープロソフト (d)ブラウザ (e)ソースコード (f)無償

問題③ (4)

問題④ (1) 高水準言語は日常言語に近い。低水準言語は機械語に近い。
(2) 手続き型言語は処理手順を指示する。非手続き型言語は必要な結果を指定する。

第11章　練習問題（→ p.133）

問題① (1)× (2)× (3)× (4)○

問題② (a)ファイル　(b)エンティティ　(c)データ項目　(d)レコード
　　　(e)値　(f)主キー　(g)表　(h)データ項目　(i)レコード
　　　(j)集合操作　(k)SQL　(l)ミドルウェア

第12章　練習問題（→ p.144）

問題① (2)

問題② (3)

問題③ (a)クライアント　(b)サーバ　(c)LAN

第13章　練習問題（→ p.155）

問題① IPアドレスはコンピュータが理解できるビット列で構成されている。ドメイン名は人間が理解できる形式で構成されている。

問題② (1)× (2)○ (3)× (4)○

問題③ (a)規約　(b)OSI参照モデル　(c)IP　(d)ネットワーク層
　　　(e)パケット　(f)TCP　(g)トランスポート

第14章　練習問題（→ p.167）

問題① エ

問題② イ

問題③ (a)マルウェア　(b)ウイルス　(c)暗号鍵　(d)復号鍵
　　　(e)秘密　(f)公開鍵暗号方式　(g)秘密　(h)公開
　　　(g), (h)は順不動

第15章　総合演習（→ p.171）

問題	1	2	3	4	5	6	7	8	9	10	11	12	13	14	15	16	17	18
解答	イ	ア	ア	エ	イ	イ	ウ	ア	イ	ア	イ	ウ	エ	ウ	ア	ウ	ア	エ
問題	19	20	21	22	23	24	25	26	27	28	29	30	31	32	33	34	35	36
解答	イ	ウ	ウ	イ	イ	エ	イ	エ	ウ	イ	ウ	ア	エ	エ	イ	ウ	ウ	ウ
問題	37	38	39	40														
解答	ウ	イ	ア	ウ														

索引

欧文

A
ADSL ... 138

B
Bluetooth ... 94

C
CD ... 17
CD-R ... 82
CD-ROM ... 81
CD-RW ... 82
CPI ... 39
CRT ディスプレイ ... 20

D
DCE ... 138
DHCP ... 147
DoS 攻撃 ... 159
dpi ... 19
DRAM ... 44
DSU ... 139
DTE ... 138
DVD ... 17
DVD-R ... 82
DVD-RAM ... 82
DVD-ROM ... 81

F
FD ... 78

G
GIF ... 71

H
HDD ... 78
HTML ... 149
HTTP ... 150

I
IEEE1394 ... 90
IEEE802.11 ... 94
IP ... 152
IrDA ... 93
ISDN ... 138
ISO（国際標準機構）... 65
IT パスポート試験 ... 170

J
JIS（Japan Indutorial Standard：日本工業規格）... 65
JPEG ... 71

L
LAN ... 94, 140

M
MO ... 82
MPEG ... 71

N
NFP ... 42

O
OCR ... 17
OMR ... 17

P
PDF ... 71
PNG ... 71
POS 端末 ... 17
PROM ... 44

R
RAM ... 44
ROM ... 43
RS-232C ... 91

S
SCSI ... 92
SRAM ... 44
SSD ... 83
STN 液晶 ... 20

T
TCP ... 152
TFT 液晶 ... 20

U
Unicode ... 65
URL ... 150
USB ... 89

W
WAN ... 141
Web コンテンツ ... 149

和　文

あ～お

圧縮 ……………………………… 70
アドレス ………………………… 27
アドレス部 ……………………… 32
アナログ回線 ………………… 137
アナログ信号 ………………… 137
アナログデータ ………………… 68
アプリケーション（応用）
　ソフトウェア ………………… 8
アプリケーションソフト
　ウェア ……………………… 112
アルゴリズム …………………… 29
暗号鍵 ………………………… 164
暗号文 ………………………… 164
暗証番号（パスワード）……… 162
安全保護管理 ………………… 158
インクジェットプリンタ ……… 18
印刷速度 ………………………… 19
インターネット ……………… 146
インパクト方式 ………………… 18
ウイルス ……………………… 159
液晶ディスプレイ ……………… 20
演算装置 ………………………… 28
エンティティ ………………… 124
応答時間 ……………………… 100
オープンソースソフト
　ウェア（OSS）……………… 113
オペランド部 …………………… 32
オペレーション部 ……………… 32
オペレーティングシステム
　（OS）………………………… 100

か～こ

回線終端装置 ………………… 138
解像度 …………………………… 69
開発ツール …………………… 112
書き換え型 ……………………… 82
画素 ……………………………… 69
仮想メモリ …………………… 102
可用性 ………………………… 101
カレントディレクトリ ……… 106
関係データベース …………… 127
間接入力 ………………………… 15
キーボード ……………………… 16
機械語命令 ……………………… 32
基数 ……………………………… 51
基本ソフトウェア ………… 8, 100
キャッシュメモリ ……………… 41
行 ……………………………… 128
共通アプリケーション
　ソフトウェア …………… 8, 112
共通鍵暗号 …………………… 164
クライアントサーバシステム
　……………………………… 141
クラッカー …………………… 158
クラッキング ………………… 158
クロックサイクル ……………… 39
クロック周波数 ………………… 39
クロック信号 …………………… 39
結合 …………………………… 129
権限付与 ……………………… 163
言語翻訳プログラム ………… 117
高水準言語 …………………… 116
項目名 ………………………… 125
コード体系 ……………………… 65
国際標準化機構（ISO）……… 151
誤操作 ………………………… 158
固定小数点数 ……………… 57, 67
個別アプリケーション
　ソフトウェア …………… 8, 114

コンパイラ ………………… 32, 117
コンパイル …………………… 118
コンピュータシステム ………… 6
コンピュータネットワーク
　システム …………………… 142

さ～そ

再生専用型 ……………………… 81
磁気ディスク …………………… 76
磁気テープ ………………… 17, 84
自己伝染機能 ………………… 160
システムソフトウェア ………… 8
実行サイクル …………………… 38
実数 ……………………………… 57
射影 …………………………… 129
集合操作 ……………………… 129
集線装置（ハブ）………… 90, 141
主キー ………………………… 127
周辺装置 ………………………… 88
主記憶装置 …………………… 7, 27
10進数 ………………………… 50
出力装置 ………………………… 7
主メモリ ………………………… 41
順次アクセス …………………… 77
使用可能度 …………………… 101
情報処理技術者試験 ………… 170
情報処理推進機構（IPA）…… 171
初級システムアドミニスト
　レータ試験 ………………… 170
処理能力 ……………………… 100
シリアルインタフェース ……… 89
シリアルプリンタ ……………… 19
シリンダ ………………………… 80
伸張 ……………………………… 70
信頼性 ………………………… 101

真理値表 ……………………… 58	ディジーチェーン（芋ずる）	ノートパソコン ……………… 2
スパイウェア ……………… 159	方式 ………………………… 91	ノンインパクト方式 ………… 18
スパムメール ……………… 159	ディジタイザ ………………… 17	
スループット ……………… 100	ディジタル回線 …………… 138	**は〜ほ**
制御装置 ……………………… 27	ディジタル署名（電子署名）	バーコード …………………… 17
生産性 ……………………… 100	……………………………… 165	バーコードリーダ …………… 17
整数 …………………………… 57	ディジタル信号 …………… 137	ハードコピー ………………… 18
生体認証 …………………… 161	低水準言語 ………………… 116	ハードディスク ……………… 78
赤外線 ………………………… 93	ディスプレイ ………………… 20	媒体入力 ……………………… 15
セキュリティ管理 ………… 158	ディレクトリ ……………… 103	バイト …………………… 27, 65
セクタ ………………………… 79	データ項目 …………… 125, 126	ハイパーテキスト ………… 149
絶対パス …………………… 105	データ処理 …………………… 2	ハイパーテキストマーク
選択 ………………………… 129	データ正規化 ……………… 125	アップ言語 ……………… 149
潜伏機能 …………………… 160	データ伝送 …………………… 3	ハイパーメディア ………… 149
相対パス …………………… 106	データベースソフト ……… 113	パケット …………………… 152
ソーシャルエンジニアリング	データを保存 ………………… 3	バス …………………………… 92
……………………………… 158	手続き型言語 ……………… 116	パス（経路） ……………… 105
ソースプログラム ………… 117	電波 …………………………… 93	パック10進数 ………………… 66
ソフトウェア ……………… 5, 8	電話線 ……………………… 138	バックアップ ……………… 162
ソフトコピー ………………… 18	トラック ……………………… 79	バッチ（一括）処理 ……… 101
	トランザクション管理（排他	発病機能 …………………… 160
た〜と	制御） …………………… 130	ハブ ………………………… 141
ターンアラウンドタイム …… 100	トランザクションデータ …… 124	パラレルインタフェース …… 92
多重処理（マルチプロセッ	トランスポート層 ………… 152	半導体記憶素子 ……………… 43
シング） ………………… 102		ピアツーピアシステム …… 141
タスク管理 ………………… 102	**な〜の**	光磁気ディスク ……………… 82
タッチパネル ………………… 16	流れ図 ……………………… 114	光ディスク …………………… 81
タブレット …………………… 17	なりすまし ………………… 159	ピクセル ……………………… 69
直接アクセス ………………… 77	2進数 ………………………… 50	ビット ………………………… 51
直接アクセス記憶装置 ……… 77	2進数の加算 ………………… 54	ヒット率 ……………………… 42
直接入力 ……………………… 15	2進数の減算 ………………… 54	否定（NOT） ………………… 57
追記型 ………………………… 82	2進数の乗算 ………………… 55	非手続き型言語 …………… 116
通信回線 …………………… 137	2進数の除算 ………………… 56	秘密鍵暗号 ………………… 164
通信ネットワーク回線 ……… 7	2の補数 ……………………… 67	表 …………………………… 128
通信ネットワークシステム … 136	入出力インタフェース ……… 88	表計算ソフト ……………… 113
通信プロトコル（通信規約）	入力装置 …………………… 6, 14	標本化（サンプリング） …… 69
……………………………… 151	盗み見 ……………………… 159	平文 ………………………… 164
	ネットワーク層 …………… 152	ファイアウォール ……… 160, 163

ファイル ……………… 103, 125
ファイルシステム ……………… 103
フィールド ……………… 126
フィッシング詐欺 ……………… 159
フィルタリング ……………… 160
不揮発性 ……………… 43
復号鍵 ……………… 164
復調 ……………… 139
符号化 ……………… 69
物理的な安全保護 ……………… 161
浮動小数点数 ……………… 57
ブラウザ ……………… 113, 150
フラッシュメモリ ……………… 44
プリンタ ……………… 18
プレゼンテーションソフト … 113
プロキシサーバ（代理サーバ）
 ……………… 163
プログラム ……………… 29
プロセッサ ……………… 6, 26
フロッピーディスク ……………… 78
平均アクセス時間 ……………… 43
ページプリンタ ……………… 19
ベン図 ……………… 58
変調 ……………… 139
ポインティングデバイス ……………… 16
ポート番号 ……………… 152
補助記憶装置 ……………… 7, 76
ホットプラグ ……………… 90

ま～も

マイクロプログラム ……………… 44
マウス ……………… 16
マクロウイルス ……………… 160
マスク ROM ……………… 44
マスタデータ ……………… 124
マルウェア ……………… 159
マルチメディアデータ ……………… 64
ミドルウェア ……………… 8
ミラーリング ……………… 162
無線 ……………… 93
無線 LAN ……………… 94
命令コード部 ……………… 32
命令サイクル ……………… 38
メール爆弾 ……………… 159
メモリ管理 ……………… 102
目的モジュール（オブジェクト
 モジュール） ……………… 118
モデム ……………… 139

や～よ

読み取り専用型 ……………… 81

ら～ろ

ラインプリンタ ……………… 19
リアルタイム処理 ……………… 100
量子化 ……………… 69
利用者の識別コード（利用者
 ID） ……………… 162
リンク機能 ……………… 149
ルータ ……………… 152
ルーティング ……………… 152
ルートディレクトリ ……………… 104
レーザプリンタ ……………… 18
レコード ……………… 126
レジスタ ……………… 28, 42
レスポンスタイム ……………… 100
列 ……………… 128
連係編集 ……………… 118
連係編集プログラム（リン
 ケージエディタ） ……………… 118
漏えい ……………… 158
ロードモジュール ……………… 119
ロック機能 ……………… 130
論理演算 ……………… 57
論理式 ……………… 57
論理シフト ……………… 55
論理積（AND） ……………… 59
論理的な安全保護 ……………… 162
論理和（OR） ……………… 58

わ

ワープロソフト ……………… 112

■著者略歴

國友 義久（くにとも　よしひさ）

元大阪成蹊大学現代経営情報学部現代経営情報学科教授。
1961年 東京都立大学工学部電気工学科卒業、理研光学（現リコー）㈱を経て1964年 日本IBM㈱入社、SE、システムサイエンスマネジャー、研修主管、研修コンサルテーションプログラム担当などの職種を歴任、1994年 長野大学産業社会学部産業情報学科教授、2003年 大阪成蹊大学現代経営情報学部現代経営情報学科教授、大学理事、2008年3月退職。
IBM時代から、情報システム開発関連の業務に従事、日本にソフトウエア工学を初めて紹介した草分けの一人。主な著書に『オンラインネットワークの構造的設計』、近代科学社、1978年、『効果的プログラム開発技法』、近代科学社、1979年、『プログラム開発管理』、オーム社、1990年、『情報システムの分析・設計』、日科技連出版社、1994年、『経営情報学』、日科技連出版社、2005年、『データベース』、日科技連出版社、2008年など多数。

ファーストステップ IT の基礎
© 2011 Kunitomo Yoshihisa
Printed in Japan

2012年8月31日　初版1刷発行
2022年3月31日　初版7刷発行

著　者　　國　友　義　久
発行者　　大　塚　浩　昭
発行所　　㈱　近代科学社

〒101-0051　東京都千代田区神田神保町1丁目105番地
https://www.kindaikagaku.co.jp

加藤文明社　　　　ISBN978-4-7649-0367-8
　　　　　　　　　定価はカバーに表示してあります．